POISSONS

BATRACIENS, REPTILES

ET

MAMMIFÈRES

D'ASIE-MINEURE

VOYAGE ZOOLOGIQUE
D'HENRI GADEAU DE KERVILLE EN ASIE-MINEURE
(AVRIL-MAI 1912)
TOME SECOND ET DERNIER

POISSONS

(AVEC DEUX PLANCHES ET TRENTE-DEUX FIGURES DANS LE TEXTE)

PAR

le Docteur Jacques PELLEGRIN

BATRACIENS ET REPTILES

PAR

G. A. BOULENGER

MAMMIFÈRES

PAR

Max KOLLMANN

PARIS

J.-B. BAILLIÈRE ET FILS

1928

LES
POISSONS
DES EAUX DOUCES
D'ASIE-MINEURE

(AVEC DEUX PLANCHES EN PHOTOCOLLOGRAPHIE
ET TRENTE-DEUX FIGURES DANS LE TEXTE)

PAR

le Docteur JACQUES PELLEGRIN

Docteur ès Sciences

Sous-Directeur de Laboratoire au Muséum national d'Histoire naturelle de Paris

---

INTRODUCTION.

Les Poissons d'Asie-Mineure n'ont pas été jusqu'ici l'objet d'un bien grand nombre de travaux, et la faune ichthyologique de cette péninsule, pourtant toute proche de l'Europe, est encore assez mal connue.

Ce sont surtout les Poissons des régions limitrophes qui ont été bien étudiés, particulièrement ceux de Syrie, depuis les ouvrages déjà anciens de RUSSELL (1756)[1], de CUVIER et VALENCIENNES (1828-1849)[2], d'HECKEL (1841-1848)[3], et ceux

1. ALEXANDER RUSSELL, An account of four undescribed fishes of Aleppo, *Phil. Trans. Roy. Soc.*, 1756, 49, p. 445-449.

2. CUVIER et VALENCIENNES, Histoire naturelle des Poissons, 22 vol., Paris, 1828-1849, 650 planches.

3. J. J. HECKEL, Ichthyologie von Syrien, in J. von RUSSEGGER, *Reisen in Europa, Asien und Africa*, vol. 1, pt. 2, Stuttgart, 1841-1848.

2

déjà plus proches de Lortet (1883)[1], de Tristram (1884)[2],
de Sauvage (1884)[3], de Barrois (1894)[4], de Gaillard (1895)[5],
sans parler du mémoire que j'ai consacré, en 1923[6], aux
riches matériaux ichthyologiques récoltés par M. Henri
Gadeau de Kerville, lors de son voyage zoologique en Syrie,
accompli en avril-juin 1908.

Quant aux Poissons du Caucase, c'est surtout dans les
auteurs russes, et principalement dans la Faune de Russie
de Berg (1912-1914)[7], qu'on trouve le plus de renseignements utiles.

Pour les pays voisins d'Europe, je n'aurai garde d'oublier
l'importante Faune de Roumanie d'Antipa (1909)[8].

En ce qui concerne l'Asie-Mineure proprement dite, il
faut citer une courte note de Boulenger (1896)[9] où sont
mentionnées 4 espèces déjà connues : *Capoeta fratercula*

---

1. L. Lortet, Études zoologiques sur la faune du lac de Tibériade,
suivies d'un aperçu sur la faune des lacs d'Antioche et de Homs,
Arch. Mus. Hist. Nat. Lyon, 1883, 3, p. 99-194, 13 planches.

2. H. B. Tristram, The Survey of Western Palestine, London, 1884,
(Poissons, p. 162-177).

3. H. É. Sauvage. Notice sur la faune ichthyologique de l'ouest de
l'Asie, *Nouv. Arch. Mus. Hist. Nat.*, 1884, 2ᵉ sér., 7, p. 1-41, 3 planches.

4. Th. Barrois, Contribution à l'étude de quelques lacs de Syrie,
Rev. Biol. Nord de la France, VI, 1893-1894, p. 224.

5. C. Gaillard, Notes sur quelques espèces de Cyprinodons de l'Asie-
Mineure et de la Syrie, *Arch. Mus. Hist. Nat. Lyon*, 1895, 6, n° 2,
15 pages.

6. Dʳ J. Pellegrin, Étude sur les Poissons rapportés par M. Henri
Gadeau de Kerville de son voyage zoologique en Syrie (avril-juin 1908),
40 pages, 5 planches, in *Voyage zoologique d'Henri Gadeau de Kerville
en Syrie*, t. IV, 1923.

7. L. J. Berg, Faune de la Russie et des pays limitrophes, Poissons,
Saint-Pétersbourg, 1912, 336 pages, 8 pl., et 2ᵉ partie, 1914, p. 337-704,
3 planches, (en russe).

8. G. Antipa, Fauna ichtiologicà a Romàniei, *Publicatiunile Fondului
Adamachi, Acad. Romànà*, 1909, 3, n° 16, 294 pages, 31 planches,
(Bucarest).

9. G. A. Boulenger, On Freshwater Fishes from Smyrna, *Ann. Mag.
Nat. Hist.*, 1896, 6, XVIII, p. 153-154.

Heckel, *Leuciscus berak* Heckel, *Cobitis tœnia* Linné et *Salmo fario* L. var. *macrostigma* A. Dum., et décrites 3 espèces nouvelles : *Capoeta Holmwoodii, Barbus lydianus* et *Leuciscus smyrnœus.*

L'année suivante (1897), le Dʳ STEINDACHNER [1] a consacré un important mémoire, remarquablement illustré, aux Poissons d'Asie-Mineure récoltés dans la région d'Angora par le Dʳ Escherich. Là sont signalées 8 formes déjà connues : *Capoeta gracilis* Keyserl., *Capoeta tinca* Heckel, *Alburnoides bipunctatus* Bloch, *Squalius orientalis* Heckel, *Chondrostoma nasus* L., *Silurus glanis* L., *Esox lucius* L., *Cyprinus carpio* L., et décrites 2 espèces et 2 variétés nouvelles : *Barbus lacerta* Heckel var. *Escherichii, Abramis elongatus* Gthr. var. *asianus, Alburnus Escherichii* et *Nemachilus Angorœ.*

Dans une note parue en 1912, LEIDENFROST [2] décrit comme nouveaux 2 Cyprinodontidés : *Cyprinodon Anatoliœ* et *C. lykaoniensis.*

Dans un travail tout récent, paru en 1924, le Dʳ BELA HANKO [3], que j'ai eu le plaisir de voir cette année-là au Musée de Budapest, achevant l'étude des importantes collections rassemblées en 1906 par le Dʳ AD. LENDL en Asie-Mineure, a apporté une importante contribution à nos connaissances concernant la faune ichthyologique de cette contrée. Sa liste, en effet, ne comprend pas moins de 27 espèces, sous-espèces ou variétés.

Parmi les formes déjà connues, il faut citer : *Salmo fario* L. var. *macrostigma* A. Dum., *Rutilus tricolor* Lortet, *Leuciscus orientalis* Heckel, *Aspius aspius* L., *Chondro-*

---

1. Dʳ F. STEINDACHNER, Bericht über die von Dʳ Escherich in der Umgebung von Angora gesammelten Fische und Reptilien, *Deuts. Akad. Wiss. Wien*, 64, 1897, p. 685-699, pl. I-IV.

2. G. LEIDENFROST, Poissons d'Asie-Mineure (texte en hongrois), *Allatt. Közlem. Köt., Budapest*, 1912, XI, 125-132, 159.

3. B. HANKO, Fische aus Klein-Asien, *Ann. Mus. Nat. Hung.*, 1924 XXI, p. 137-158, pl. III.

stoma regium Heckel, *Alburnoides bipunctatus* L., *Barbus lacerta* Heckel, *B. lacerta* var. *Escherichii* Steind., *B. lacerta* var. *scincus* Heckel, *Varicorhinus tinca* Heckel, *V. damascinus* Cuv. et Val., *V. capoeta* Güld., *V. Sieboldi* Steind., *Nemachilus Angoræ* Steind., *Cyprinodon mento* Heckel, *C. Sophiæ* Heckel, *C. Chantrei* Gaillard.

Comme formes nouvelles on trouve décrites : *Leuciscus orientalis* Heckel var. *pursakensis*, *Acanthorutilus anatolicus*, *Varicorhinus capoeta* Güld. subsp. *Angoræ*, *V. Kemali*, *V. Kemali* subsp. *turcicus*, *Cyprinus carpio* L. subsp. *anatolicus*, *Cobitinula Anatoliæ*, *Cobitis simplicispina*, *Cobitis taenia* L. subsp. *turcica*, *Nemachilus Lendlii*.

Enfin, dans une note du début de 1927, j'ai donné la description d'un Cyprinidé d'Asie-Mineure type d'un genre nouveau : l'*Hemigrammocapoeta culiciphaga* [1].

Faisant état de ces divers travaux et de quelques indications éparses trouvées dans des ouvrages généraux, comme, par exemple, le beau Catalogue des Poissons des eaux douces d'Afrique de BOULENGER [2], qui mentionne avec raison le *Cyprinodon fasciatus* Val. comme habitant l'Asie-Mineure, j'ai pu établir, après une révision critique sévère, la liste générale, qu'on trouvera ci-après, des formes dulcaquicoles d'Anatolie. J'en ai volontairement exclu les Poissons migrateurs, c'est-à-dire vivant tantôt dans la mer, tantôt dans les rivières.

1. Dr J. PELLEGRIN, Description d'un Cyprinidé nouveau d'Asie-Mineure, *Bull. Soc. Zool. France*, 1927, p. 34-35.

2. G. A. BOULENGER, Catalogue of the Fresh-water Fishes of Africa in the British Museum, 4 vol., London, 1909-1916.

LISTE DES POISSONS

signalés jusqu'ici dans les eaux douces
d'Asie-Mineure[1].

SALMONIDÆ.

1. *Salmo trutta* Linné var. *macrostigma* A. Duméril.

CYPRINIDÆ.

★ 2. *Cyprinus carpio* Linné.

3. *Varicorhinus tinca* Heckel.

4. *Varicorhinus damascinus* Cuvier et Valenciennes.

5. *Varicorhinus fratercula* Heckel.

6. *Varicorhinus capoeta* Güldenstadt.
    A. var. **Angoræ** Bela Hanko.

7. *Varicorhinus Sieboldi* Steindachner.

8. *Varicorhinus* **Holmwoodi** Boulenger.

9. **Hemigrammocapoeta culiciphaga** Pellegrin.

10. **Hemigrammocapoeta Kemali** Bela Hanko.
    A. var. **turcica** Bela Hanko.

11. *Barbus lacerta* Heckel.
    A. var. **Escherichi** Steindachner.
    B. var. *scincus* Heckel.

12. *Barbus* **lydianus** Boulenger.

13. *Rutilus tricolor* Heckel.

14. *Leuciscus orientalis* Heckel.

---

1. Dans ce tableau, les genres, espèces, variétés, spéciaux à l'Asie-Mineure, sont en caractères gras ; les formes qu'on rencontre aussi en France sont précédées d'un astérisque.

15. *Leuciscus berak* Heckel.

16. *Leuciscus* **smyrnæus** Boulenger.

17. *Acanthorutilus* **anatolicus** Bela Hanko.

*18. *Chondrostoma nasus* Linné.

19. *Chondrostoma regium* Heckel.

*20. *Rhodeus amarus* Bloch.

21. *Aspius rapax* Pallas.

22. *Alburnus* **Escherichi** Steindachner.

23. *Alburnoides bipunctatus* Bloch var. **Smyrnæ** Pellegrin.

24. *Abramis elongatus* Agassiz var. **asianus** Steindachner.

25. **Cobitinula Anatoliæ** Bela Hanko.

*26. *Cobitis tænia* Linné.

27. *Cobitis* **simplicispina** Bela Hanko.

28. *Nemachilus* **Angoræ** Steindachner.

29. *Nemachilus* **Lendli** Bela Hanko.

SILURIDÆ.

*30. *Silurus glanis* Linné.

ESOCIDÆ.

*31. *Esox lucius* Linné.

CYPRINODONTIDÆ.

*32. *Cyprinodon fasciatus* Valenciennes.

33. *Cyprinodon cypris* Heckel.

34. *Cyprinodon Sophiæ* Heckel.

35. *Cyprinodon Chantrei* Gaillard.

Le bilan actuel de la faune ichthyologique dulcaquicole d'Asie-Mineure se monte donc à un total de 35 espèces [1], plus 4 variétés, réparties en 20 genres et 5 familles.

Sur ce nombre, seuls les genres *Hemigrammocapoeta* et *Cobitinula* sont spéciaux à l'Anatolie. Il faut y ajouter 12 espèces et 5 variétés qui n'ont pas encore été rencontrées ailleurs.

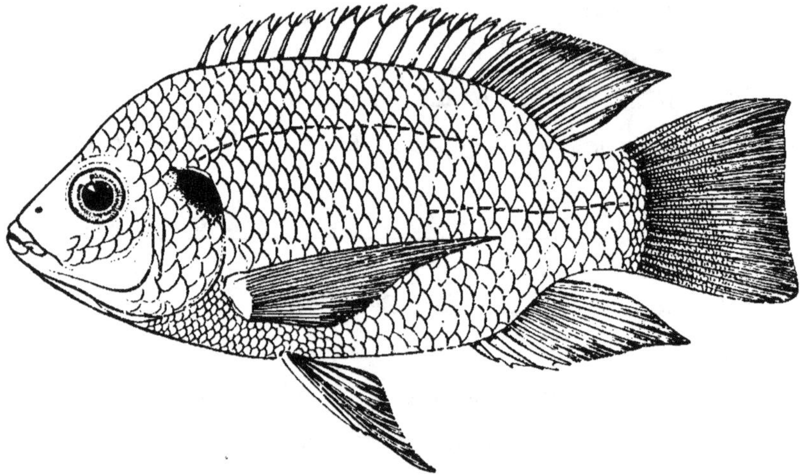

Fig. 1. — *Tilapia galilœa* Artédi, Cichlidé de Syrie et de l'Afrique tropicale.

Toutes les familles, 15 genres et 7 espèces, se retrouvent à la fois en France et en Asie-Mineure, sans tenir compte de la variété de Truite commune : *Salmo trutta* L. var. *macrostigma* A. Duméril, qui existe cependant en Corse.

La faune d'Anatolie, dans son ensemble, se rattache à la zone nord de la région europo-asiatique ; elle appartient à la province méditerranéenne. On ne trouve pas en Asie-Mineure, comme en Syrie ou en Palestine par exemple, quelques apports de la faune africaine, tels que les Cichlidés (fig. 1), ou certains Siluridés, comme les *Clarias*

1. Parmi celles-ci, 3 sont représentées par des variétés.

(fig. 2), se rapportant d'autre part également à la région indienne.

Si maintenant on jette un coup d'œil général, aussi bien au point de vue zoologique que géographique, sur la faune d'Asie-Mineure, on constate que seule la sous-classe des Téléostéens, c'est-à-dire des Poissons osseux proprement dits, est représentée dans ses eaux douces. En outre, il y a lieu de noter que, parmi ceux-ci, figurent seulement des espèces à nageoires non épineuses; aucun Percoïde, aucun Acanthoptérygien n'y a encore été signalé.

Les Salmonidés, qui figurent d'abord, sont des Malacoptérygiens typiques. Ce sont des Poissons à distribution avant

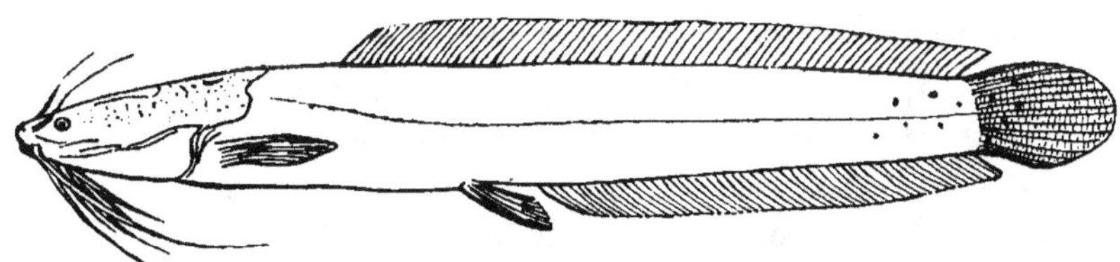

Fig. 2. — *Clarias lazera* Cuvier et Valenciennes, Siluridé de Syrie et de l'Afrique tropicale.

tout paléarctique, et la présence, dans les rivières d'Anatolie, d'une variété circumméditerranéenne de la Truite commune est très caractéristique au point de vue zoogéographique.

Les Cyprinidés rentrent, avec les Siluridés, dans le groupe des Ostariophysiens, qu'on sépare maintenant des Malacoptérygiens proprement dits, à cause de la soudure de leurs vertèbres antérieures et de la présence de petits os particuliers, mettant en rapport l'oreille avec la vessie natatoire, et qu'on appelle souvent osselets de WEBER, en l'honneur de l'anatomiste qui les décrivit le premier, en 1820.

De même que dans les eaux européennes en général, et dans les eaux françaises en particulier, les Cyprinidés, Poissons de l'ancien continent et du nord de l'Amérique, sont, de beaucoup, les plus richement représentés dans les eaux douces d'Asie-Mineure.

La sous-famille des Cyprininés y figure avec 13 genres et 23 espèces. On remarquera la présence du type de la famille, la Carpe, dont le lieu d'origine, pour certains auteurs, serait justement l'Asie-Mineure. Les *Varicorhinus* sont des Poissons à affinités sud-asiatiques et africaines. Il en est sans doute de même pour le genre *Hemigrammocapoeta*, spécial à l'Anatolie. Les Barbeaux d'Asie-Mineure appartiennent à des types européens ou paléarctiques. Il en est de même des Gardons (*Rutilus*, *Leuciscus* et *Acanthorutilus*), des Chondrostomes, de la Bouvière, de l'Aspe, des Ablettes (*Alburnus* et *Alburnoides*) et des Brêmes.

La sous-famille des Loches ou Cobitidinés comprend 3 genres et 5 espèces. Le genre spécial *Cobitinula* est voisin des *Cobitis* européennes et asiatiques. Les *Nemachilus* se rencontrent en Europe, dans presque toute l'Asie, du nord au sud, et même en Afrique, en Abyssinie.

La famille cosmopolite des Siluridés se montre surtout abondante dans les eaux douces tropicales. En Anatolie, on ne trouve que le Glanis ou Silure d'Europe.

On range habituellement aujourd'hui les Ésocidés et les Cyprinodontidés dans un groupe particulier, celui des Haplomes.

En Asie-Mineure existe seulement le Brochet commun, à vaste distribution paléarctique, comprenant l'Europe, le nord de l'Asie et de l'Amérique.

Les Cyprinodontidés, petits Poissons cosmopolites des eaux douces et saumâtres, sont représentés, en Anatolie, par le genre typique *Cyprinodon*, avec 4 espèces : 1 à vaste répartition circumméditerranéenne, les 3 autres plus étroitement localisées en Asie-Mineure, en Syrie et dans les pays limitrophes.

En résumé, la faune dulçaquicole d'Anatolie, assez pauvre, est nettement paléarctique, avec quelques apports de la région indienne ou sud-asiatique.

⁎⁎

C'est en 1912 que M. Henri GADEAU DE KERVILLE a visité l'Asie-Mineure. Durant les mois d'avril et de mai, il a recueilli d'importantes collections ichthyologiques dans la région de Smyrne (rivière Mélès, rivière Kémer, etc.) et dans des cours d'eau et des lacs avoisinant Angora (Émir-Gheul, Mohan-Gheul, rivière Tchibouk, etc.).

Les matériaux rapportés sont à la fois remarquables par le nombre des spécimens et par leur parfait état de conservation. Le total des exemplaires examinés par moi dépasse 1.500. Certaines espèces, comme on le verra plus loin, sont représentées par plusieurs centaines d'individus de tailles des plus variées. Beaucoup de ces exemplaires figurent aujourd'hui parmi les collections du Muséum national d'Histoire naturelle de Paris, quelques spécimens ont été envoyés d'autre part au British Museum, à Londres.

Diverses circonstances, dont la principale fut la guerre, m'ont empêché de me livrer de suite à l'étude de cet important matériel ichthyologique, et cela est regrettable, car une espèce, le *Nemachilus Lendli*, décrite seulement en 1924 par HANKO, était nouvelle pour la science lorsqu'elle a été capturée par M. Henri GADEAU DE KERVILLE. Toutefois une variété de l'Ablette spirlin, remarquable par son corps plus court et par le nombre un peu plus élevé de ses rangées d'écailles en séries transversales, a pu encore être décrite par moi comme nouvelle. En outre, la Bouvière trouvée dans la région de Smyrne n'avait jamais été signalée en Anatolie.

Voici, au surplus, avec les provenances, la liste des espèces récoltées par M. Henri GADEAU DE KERVILLE [1].

---

1. Dans une note préliminaire, cette liste a déjà été publiée : Dʳ J. PELLEGRIN, Poissons d'Asie-Mineure recueillis par M. H. Gadeau de Kerville, *Bull. Soc. Zool. France*, 1927, p. 36-37.

LISTE DES POISSONS

rapportés d'Asie-Mineure
par M. Henri Gadeau de Kerville,
avec l'indication de leurs provenances.

CYPRINIDÆ.

1. *Varicorhinus tinca* Heckel. — Rivière Tchibouk, région d'Angora.

2. *Varicorhinus damascinus* Cuvier et Valenciennes. — Rivière Tchibouk, région d'Angora.

3. *Varicorhinus Sieboldi* Steindachner. — Rivière Tchibouk, région d'Angora.

4. *Barbus lacerta* Heckel. — Rivière Mélès, rivière Kémer.

    A. var. *Escherichi* Steindachner. — Région d'Angora.

5. *Leuciscus orientalis* Heckel. — Rivière Mélès, rivière Tchibouk, région d'Angora.

6. *Rhodeus amarus* Bloch. — Rivière Kémer.

7. *Aspius rapax* Linné. — Région d'Angora.

8. *Alburnus Escherichi* Steindachner. — Rivière Mélès, rivière Kémer, Émir-Gheul, Mohan-Gheul, région d'Angora.

9. *Alburnoides bipunctatus* Linné var. *Smyrnæ*, var. nov. — Rivière Mélès.

10. *Cobitis tænia* Linné. — Rivière Kémer, rivière Tchibouk, Émir-Gheul, Mohan-Gheul, région d'Angora.

11. *Nemachilus Angoræ* Steindachner. — Rivière Kémer, rivière Tchibouk, ruisseaux de l'Émir-Gheul au Mohan-Gheul, région d'Angora.

12. *Nemachilus Lendli* Bela Hanko. — Ruisseaux de l'Émir-Gheul au Mohan-Gheul, Émir-Gheul, région d'Angora.

SILURIDÆ.

13. *Silurus glanis* Linné. — Région d'Angora.

CYPRINODONTIDÆ.

14. *Cyprinodon fasciatus* Valenciennes. — Région de
Smyrne[1].

C'est donc un total de 14 espèces, plus une variété,
réparties en 10 genres et 3 familles, que M. Henri GADEAU
DE KERVILLE a pu rapporter de son voyage, soit plus du
tiers des Poissons actuellement signalés en Asie-Mineure.

Ce sont ces matériaux qui constituent la première base du
travail qui va suivre. Toutes les espèces recueillies par
M. Henri GADEAU DE KERVILLE seront décrites et figurées
d'après des exemplaires choisis parmi les magnifiques séries
rassemblées par ce méthodique et consciencieux naturaliste.

Toutefois, afin de donner à cet ouvrage une portée
pratique réelle, j'ai cru devoir y ajouter la description de
toutes les autres espèces d'Asie-Mineure non rencontrées
par M. Henri GADEAU DE KERVILLE, mais mentionnées ou
décrites par les divers auteurs qui se sont occupés des
Poissons d'Anatolie.

Il ne faut pas oublier qu'aucun ouvrage français n'a
encore été consacré aux Poissons des eaux douces d'Asie-
Mineure, et que la description originale de la quasi-totalité
des espèces spéciales à cette contrée a été faite en allemand
ou parfois en anglais.

Dans ce mémoire sur la faune ichthyologique d'Anatolie,
je me suis inspiré des mêmes principes que ceux qui
m'ont guidé pour mes précédents ouvrages consacrés aux

1. Cette liste ne comprend que des Poissons exclusivement d'eau
douce. M. Henri GADEAU DE KERVILLE a recueilli dans des fossés de la
région de Smyrne, avec des Cyprinodons, quelques petites Athérines
et des alevins de Muges ; mais, comme il s'agit de formes semi-marines,
elles ne figureront pas ici.

Poissons du Tchad, de l'Afrique du Nord et de l'Afrique occidentale [1].

Ce premier travail d'ensemble sur la faune ichthyologique d'Asie-Mineure permettra, il faut l'espérer, aux voyageurs comme à tous ceux qui auront l'occasion de séjourner en Turquie d'Asie, de déterminer et de reconnaître facilement les Poissons qu'ils seront susceptibles de rencontrer dans ses rivières.

En dehors des espèces récoltées par M. Henri GADEAU DE KERVILLE, dont j'ai pu avoir sous les yeux de magnifiques séries de spécimens, les diagnoses ont été établies d'après les descriptions originales des divers auteurs, contrôlées, toutes les fois qu'il a été possible, sur des échantillons conservés dans les belles collections du Muséum national d'Histoire naturelle de Paris.

Pour ne pas entraîner trop loin, la partie bibliographique seule a été volontairement traitée un peu plus succinctement, mais l'indication complète de la bibliographie est toujours fournie pour les auteurs qui se sont occupés spécialement des Poissons d'Asie-Mineure.

Les familles et les genres seront caractérisés brièvement. Des clefs nombreuses permettront les déterminations. Pour chaque espèce, après la synonymie essentielle avec les références bibliographiques nécessaires, une description assez détaillée sera donnée. Elle comprendra la morphologie, surtout externe, la coloration, et, quand il y aura lieu, les différences sexuelles, enfin les formules des rayons des nageoires et de l'écaillure. Mention sera faite de la longueur totale atteinte par l'espèce et, le cas échéant, une liste complète

1. Dr J. PELLEGRIN, Les Poissons du bassin du Tchad, Paris, 1914, Larose, éditeur, 11, rue Victor-Cousin, (Extr. *Doc. Scient. Mission Tilho.* 1906-1909). — Les Poissons des eaux douces de l'Afrique du Nord française, Maroc, Algérie, Tunisie, Sahara, Paris, 1921, Larose, éditeur, (Extr. *Mém. Soc. Sc. Nat. Maroc*, I, nᵒ 2, 1ᵉʳ décembre 1921). — Les Poissons des eaux douces de l'Afrique occidentale (du Sénégal au Niger), Paris, 1923, Larose, éditeur, (Publication du *Com. Étud. Hist. Scient. Afrique occident. franç.*).

sera donnée avec les provenances et les dimensions des échantillons rapportés par M. Henri Gadeau de Kerville. Ensuite viendront des indications générales sur la distribution géographique, et, au besoin, quelques brèves observations sur la biologie, les mœurs ou la valeur économique.

De nombreuses figures dans le texte, ainsi que deux planches en photocollographie, dues, les unes et les autres, à un artiste particulièrement habile et expérimenté, M. F. Angel, faciliteront les déterminations.

Des renseignements sur quelques types intéressants m'ont été aimablement fournis par M. Norman, du British Museum, et M. Bela Hanko, du Musée national hongrois, à Budapest. Je tiens à les remercier ici.

Il me reste, en terminant, un agréable devoir à remplir, c'est celui d'adresser à M. Henri Gadeau de Kerville l'expression de toute ma gratitude. En effet, de même que lors de ses précédents voyages en Khroumirie et en Syrie, il ne s'est pas contenté de rassembler des collections remarquables, il en a en outre assuré, malgré la dureté des temps, leur mise en valeur par des publications luxueusement éditées et richement illustrées. C'est là un double titre à la reconnaissance des zoologistes.

ÉTUDE SYSTÉMATIQUE
DES POISSONS D'ASIE-MINEURE.

Avant de passer à la partie purement descriptive des différentes formes existant en Asie-Mineure, il n'est peut-être pas inutile de fournir quelques indications générales sur les caractères, principalement tirés de la morphologie externe, habituellement invoqués par les ichthyologistes pour reconnaître les genres, les espèces ou les variétés d'une même famille.

Forme. Dimensions. — L'allongement relatif du corps du Poisson est indiqué par son rapport avec la hauteur. On prend la plus grande hauteur et on mesure au compas combien de fois elle est contenue dans la longueur, depuis l'extrémité du museau jusqu'à l'origine de la caudale. La nageoire elle-même n'est pas comprise dans la longueur, de même que les nageoires dorsale et anale ne le sont pas dans la hauteur.

La longueur de la tête, comptée depuis le bout du museau jusqu'à l'extrémité de l'opercule osseux, est comparée à la longueur du corps sans la caudale. Le diamètre de l'œil est rapporté à la longueur de la tête; on indique souvent aussi combien de fois il est contenu dans l'espace compris entre les deux orbites et dans la longueur du museau, c'est-à-dire dans la partie de la tête qui est en avant de son bord antérieur. De même que chez les autres Vertébrés, l'œil est toujours relativement plus grand chez les jeunes Poissons.

Le nombre et la longueur des barbillons entourant la bouche sont souvent importants à considérer (Cyprinidés, Siluridés); quand ils sont relativement courts, on compare leur dimension au diamètre de l'œil; quand ils sont très allongés, à la longueur de la tête. Le développement plus ou moins considérable des lèvres mérite souvent d'être signalé.

La forme des dents fournit, dans certaines familles (Cyprinodontidés), de bonnes indications pour les distinctions génériques; de même leur présence ou leur absence sur certains os de la cavité buccale (vomer, palatins, etc.) ou sur la langue (Salmonidés, Ésocidés).

Une partie de l'appareil branchial est souvent accessible en soulevant simplement l'opercule. A l'intérieur on arrive à distinguer la dimension, le nombre et la forme des appendices placés à la base du premier arc branchial et que l'on désigne sous le nom de branchiospines. On peut également constater la présence ou l'absence de pseudobranchie, d'appareil respiratoire accessoire annexé aux branchies, etc. On note l'étendue de la fente branchiale, qui peut être plus ou moins allongée ou étroite, le nombre des rayons branchiostèges, soutenus par une membrane tantôt complètement libre, tantôt insérée en dessous à l'isthme du gosier.

Chez les Téléostéens, une partie du squelette de la tête, simplement recouverte par la peau, est plus ou moins nettement visible à l'extérieur (intermaxillaires, maxillaires, sous-orbitaires, appareil operculaire).

On fait généralement la comparaison entre la hauteur, par rapport à la longueur du pédicule caudal; celui-ci commence juste après les derniers rayons mous de la dorsale et de l'anale et se termine à l'origine des rayons médians de la caudale. Exceptionnellement, il peut faire défaut.

NAGEOIRES. — Parmi les nageoires on distingue celles qui sont paires (pectorales et ventrales ou pelviennes) et celles qui sont médianes ou impaires (dorsales ou dorsale, anale et caudale). Les nageoires sont soutenues par des rayons durs, simples et rigides (épines) ou mous (simples et articulés ou branchus).

Dans plusieurs familles (Salmonidés, certains Siluridés), il y a une seconde dorsale cutanée non soutenue par des rayons et appelée adipeuse. Assez souvent, chez les Acanthoptérygiens, il y a une première dorsale composée uniquement d'épines ou d'aiguillons, plus ou moins séparée d'une seconde composée d'une seule épine et de rayons mous.

Le nombre des rayons épineux ou mous qui composent les nageoires est en général constant quel que soit l'âge des sujets. Les rayons de la dorsale et de l'anale sont les plus importants à considérer pour la distinction des espèces. Ceux des nageoires pectorales sont moins intéressants. Quant à ceux des ventrales, ils sont souvent identiques ou varient fort peu dans toute l'étendue d'une même famille.

Dans les formules, les chiffres romains servent, d'une façon générale, à désigner les rayons durs, les aiguillons, et souvent aussi les rayons simples, non branchus; les chiffres arabes sont employés pour les rayons mous.

Les diverses nageoires sont indiquées en abrégé par leur lettre initiale : D. dorsale, A. anale, P. pectorale, V. ventrale, C. caudale.

La longueur relative des épines ou des rayons mous de la dorsale et de l'anale, celle de la nageoire pectorale et de la ventrale, la forme de la caudale, constituent des caractères qui ne sont pas sans importance. On note si les épines de la dorsale sont égales ou croissantes d'avant en arrière et l'on mesure combien de fois la plus longue, généralement la dernière, est contenue dans la longueur de la tête. Les plus longs rayons mous sont aussi comparés à cette dernière mesure, qui est prise également pour évaluer la longueur de la nageoire pectorale. On indique parfois si l'extrémité de la ventrale atteint l'anus ou l'anale. La caudale est tantôt arrondie, tantôt coupée carrément ou tronquée, tantôt échancrée ou même fourchue.

ÉCAILLURE. — Peu de Téléostéens ont la peau nue (Siluridés, certains Cobitidinés), la plupart sont couverts d'écailles imbriquées à bord lisse (cycloïdes) ou munies de fines épines ou denticulations (cténoïdes).

On compte les écailles (désignées par Éc. ou, le plus souvent, par l'abréviation Sq. du mot latin *Squama*), d'une part en ligne longitudinale depuis la fente branchiale jusqu'à l'origine de la caudale (sans tenir compte des petites écailles qui garnissent parfois plus ou moins la base de cette nageoire), et, d'autre part, depuis l'origine de la dorsale (ou de la 1ʳᵉ dorsale quand il y en a plusieurs) ou un peu en arrière, jusqu'à la ligne latérale, et depuis celle-ci jusqu'au milieu du ventre.

Sq. 4 ½ | 23 | 3 ½ veut dire qu'il y a dans une espèce, au-dessus de la ligne latérale, en ligne transversale 4 écailles plus une demie, comptée pour la moitié de l'écaille médiane du dos; 23 en ligne longitudinale de la fente operculaire à la caudale, enfin 3 plus une demie entre la ligne latérale et le milieu du ventre. Les écailles de la ligne latérale sont reconnaissables à ce qu'elles sont percées d'un petit tube parfois bifurqué ou arborescent en arrière. Elles constituent une ou plusieurs séries complètes ou incomplètes le long du corps.

On se sert aussi, dans les diagnoses, du nombre des écailles qui se trouvent sur les deux faces, tout autour du pédicule caudal (Cyprinidés). Souvent on compte également les rangées transversales d'écailles comprises entre la ligne latérale et la base de la ventrale (Cyprinidés), les rangées d'écailles sur les joues (Cyprinodontidés).

Il est bon de noter que les formules des rayons des nageoires, comme celles de l'écaillure, varient dans une certaine mesure dans la limite d'une même espèce. Tel individu comptera, par exemple, 3 rayons simples et 8 rayons branchus à la nageoire dorsale, tel autre 4 rayons simples et 7 rayons branchus. On indiquera ces variations de la façon suivante : D. III-IV 7-8, un petit tiret servant à réunir les chiffres extrêmes de la variabilité pour une espèce donnée. Quand un nombre est tout à fait accidentel, il est mis entre parenthèses.

Coloration. — On ne fait intervenir qu'en dernier lieu les caractères tirés de la coloration ; celle-ci, en effet, change considérablement de l'animal vivant à l'animal mort, conservé dans la liqueur ou desséché ; de plus, les différences individuelles sont nombreuses et les variations sont très étendues dans une même espèce sous l'influence de l'âge, du sexe ou de la saison. Chez des individus de certaines espèces, les couleurs peuvent se modifier presque instantanément. La coloration ne doit donc, semble-t-il, servir le plus souvent que pour établir des variétés.

Les pigments rouges et jaunes sont parmi les plus fugaces. Il n'en est pas de même de certaines taches (maculatures) noires ou foncées qui persistent longtemps après la mort, de certaines rayures longitudinales (téniatures) ou transversales (fasciatures) qui présentent une certaine régularité pour une espèce donnée et méritent de prendre place dans les descriptions.

Parfois, les taches foncées sont entourées d'un cercle clair ; elles portent alors le nom d'ocelles. Chez les Poissons, comme chez les autres Vertébrés, d'une façon générale, le dos et les parties supérieures du corps sont toujours d'une teinte beaucoup plus foncée que le dessous de la tête et le ventre.

Clef basée sur des caractères externes permettant la répartition dans les diverses familles ou sous-familles des Poissons d'Asie-Mineure.

I. — Corps nettement écailleux.

1. — Bouche garnie de dents.

A. - Tête nue. Une petite nageoire adipeuse derrière la 1ʳᵉ dorsale. Barbillons absents . . SALMONIDÉS.

B. - Tête écailleuse. Adipeuse et barbillons absents.

a. Museau allongé et plat, en bec de canard. . . . . ÉSOCIDÉS.

b. Museau court, normal. . CYPRINODONTIDÉS.

2. — Bouche édentée.

Tête nue. Adipeuse absente. Parfois 2 ou 4 barbillons . . . . CYPRININÉS.

II. — Corps recouvert d'écailles minuscules ou nu.

1. — Bouche édentée. Adipeuse absente, 4 à 10 barbillons . . . . COBITIDINÉS.

2. — Bouche garnie de dents. Adipeuse parfois présente. Barbillons présents . . . . SILURIDÉS.

TÉLÉOSTÉENS [1].

I. — SALMONIDÉS.

Corps allongé recouvert d'écailles lisses. Tête nue. Mâchoire supérieure bordée par les prémaxillaires et les maxillaires. Branchiostèges au nombre de 3 à 20. Ouïes largement fendues. Appareil operculaire bien développé. Nageoires impaires formées par des rayons mous, simples ou branchus. Une seconde petite nageoire dorsale, sans rayon ou adipeuse, en arrière de la dorsale rayonnée. Pectorales insérées très bas, se repliant comme les ventrales. Vessie natatoire habituellement présente, grande et pourvue d'un conduit pneumatophore. Ovaires sans oviducte, les œufs tombant dans l'abdomen avant leur émission au dehors.

Cette famille comprend environ 80 espèces valides, souvent très variables, ce qui a amené la distinction de nombreuses variétés. Elles sont répandues dans les mers et les eaux douces, froides et tempérées, de l'hémisphère nord ; un genre fréquente les rivières de Nouvelle-Zélande, d'autres habitent les grandes profondeurs de l'océan Arctique, l'Atlantique nord, la Méditerranée et l'océan Antarctique. Un seul genre se rencontre en Asie-Mineure.

I. — SALMO Linné.

Salmo Linné, Syst. Nat., I, 1758, p. 308 ; Cuvier et Valenciennes, Hist. Poiss., XXI, 1848, p. 166 ; Günther, Cat. Fish., VI, 1866,

1. Il n'existe, dans les eaux douces d'Asie-Mineure, que des Poissons du groupe des Téléostéens, c'est-à-dire à squelette osseux, à vertèbres distinctes, à bulbe aortique simple ne possédant qu'un rang de valvules, à branchies libres. La première famille étudiée ici, celle des Salmonidés, appartient au sous-ordre des Malacoptérygiens proprement dits, caractérisés par une vessie natatoire communiquant par un conduit avec l'œsophage, un arc pectoral suspendu au crâne, la présence d'un arc mésocoracoïde, des vertèbres antérieures distinctes, des ventrales abdominales, quand elles sont présentes, et des nageoires dépourvues d'épines ou aiguillons.

p. 2 ; Boulenger, Cat. Fr. Fish. Africa, II, 1911, p. 166 ; Pellegrin, Poiss. Afrique Nord, 1921. p. 111 ; B. Hanko, Fische
Klein - Asien, 1924, p. 138.

Salvelinus Richardson, Faun. Bor. Amer., III, 1836, p. 169.

Fario Cuvier et Valenciennes, t. c., p. 277.

Salar Cuvier et Valenciennes, t. c., p. 314.

Umbla Rapp, Fische Bodensee, 1854, p. 32.

Oncorhynchus Suckley, Ann. Lyc. N. Y., 1861, p. 312 ; Günther, t. c.,
p. 155.

Hypsifario Gill, Proc. Acad. Philad., 1862, p. 330.

Trutta Siebold, Susswasserf. Mitt. Eur., 1863, p. 280 ; É. Moreau, Poiss.
France, III, 1881, p. 524.

Hucho Günther, t. c., p. 115.

Cristivomer Jordan, Man. Vert. E. U. S., 2ᵉ éd., 1878, p. 356.

Corps allongé, comprimé sur les côtés, recouvert de
petites écailles adhérentes. Bouche grande, à forte dentition ;
dents sur les intermaxillaires, les maxillaires supérieurs,
la mandibule, les palatins, le vomer, la langue. 10 à 15
rayons branchiostèges ; pseudobranchie présente. Ligne
latérale droite, médiane. Première dorsale de longueur
moyenne, composée de 12 à 15 rayons et commençant
au-dessus ou un peu en avant des ventrales. Anale ne
dépassant pas 13 rayons. Ventrale à 9 ou 10 rayons. Appendices pyloriques nombreux.

Le genre Saumon habite les eaux froides et tempérées de
l'hémisphère nord. On en compte de nombreuses espèces
aussi bien européennes qu'asiatiques ou nord-américaines.
Dans nos régions métropolitaines, certains auteurs, comme
le docteur Émile Moreau, font un sous-genre particulier
pour les Truites (*Trutta* Siebold), qui se distinguent des
Saumons proprement dits par ce fait que chez les individus
adultes, non seulement le chevron du vomer, mais aussi le
corps de l'os porte des dents.

I. — **Salmo trutta** Linné var. **macrostigma** A. Duméril.

(Fig. 3).

Salmo trutta Linné, Syst. Nat., I, 1758, p. 308.

Salar macrostigma A. Duméril, C. R. Ac. Sc., XLII, 1858, p. 160, et
Rev. et Mag. Zool., 1858, p. 396, pl. X.

Salar Lapasseti Zill, Ann. Sc. Nat. (4), IX, 1858, p. 128.

Salmo macrostigma Günther, Cat. Fish., VI, 1866, p. 76; Vinciguerra, Boll. Agrar. Roma, XVIII, 1906, p. 107; Boulenger,
Ann. Mag. Nat. Hist. (7), VIII, 1901, p. 108.

Salmo fario var. *macrostigma* Boulenger, Ann. Mag. Nat. Hist. (6),
XXVIII, 1896, p. 152.

Salmo trutta var. *macrostigma* Boulenger, Cat. Fr. Fish. Africa, II,
1911, p. 166, fig. 132; Pellegrin, Poiss. Afrique Nord, 1921,
p. 112, fig. 41; Bela Hanko, Fische Klein-Asien, 1924, p. 138.

La hauteur du corps est contenue 3 fois 1/3 à 4 fois 1/3
dans la longueur sans la caudale ; la longueur de la tête
3 fois 4/5 à 4 fois 1/4. Le diamètre de l'œil est compris
3 fois 1/2 (jeune) à 4 fois 1/2 dans la longueur de la tête,
1 fois à 1 fois 1/4 dans l'espace interorbitaire. Le maxillaire
supérieur s'étend jusqu'au-dessous du tiers postérieur de
l'œil (jeune), un peu au delà du bord postérieur (adulte).
Les dents vomériennes sont en doubles rangées et placées
en zigzag. Les dents des mâchoires et des palatins sont bien
développées. On compte 10 à 12 branchiospines, moyennes,
coniques, à la base du premier arc branchial. Les écailles,
petites, sont au nombre de 95 à 128 en ligne longitudinale,
de 22 à 27 du milieu du dos à la ligne latérale, de 28 à 32
de la ligne latérale au milieu de l'abdomen, de 14 à 17 entre
la nageoire adipeuse et la ligne latérale. La dorsale, composée
de 3 ou 4 rayons simples et de 9 à 11 branchus, débute plus
près du bout du museau que de l'origine de la caudale. La
hauteur de l'adipeuse égale 1 fois à 1 fois 1/2 le diamètre de
l'œil. L'anale est formée de 3 rayons simples et de 8 à 10
branchus ; son origine est plus rapprochée de l'insertion de la
ventrale que du début de la caudale. La pectorale, arrondie,

fait des 2/3 aux 3/4 de la longueur de la tète. La ventrale
s'insère sous le milieu de la dorsale. Le pédicule caudal est
1 fois 1/3 à 1 fois 1/2 aussi long que haut. La caudale est
fortement émarginée chez le jeune, légèrement chez l'adulte.

La coloration est brun-olive en dessus, jaune doré ou
jaune clair en dessous, avec une série de 9 à 12 grandes
taches ovalaires noires sur les côtés, disparaissant plus ou
moins chez l'adulte. Le dos, les flancs et la dorsale sont
parsemés de petits points noirs ou rouges, parfois encerclés

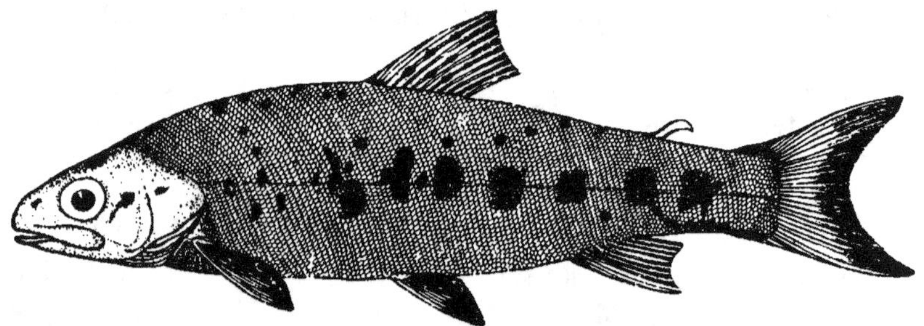

Fig. 3. — *Salmo trutta* L. var. *macrostigma* A. Duméril.

de bleu ou de blanc. Il existe un large point noir en arrière
de l'œil.

D. IV 9-11; A. III 8-10; P. 13-14; V. 8-9; Sq. 22-27 |
95-128 | 28-32 [1].

Longueur totale : 500 millimètres.

La Truite à grandes taches, très voisine de la Truite
commune (*Salmo trutta* L. var. *fario* L.) de nos rivières
métropolitaines, est connue de Sicile, de Sardaigne, de
Corse, d'Asie-Mineure et du nord de la Perse.

---

1. Dans les formules, il est rappelé que la lettre D. désigne la nageoire
dorsale, A. l'anale, P. la pectorale, V. la ventrale; les chiffres en caractères romains indiquent le nombre des rayons simples, ossifiés ou
non ; les chiffres en caractères arabes, celui des rayons branchus;
Sq. les écailles.

En Asie-Mineure, elle a été signalée aux environs de Smyrne par Boulenger, dans le fleuve Joris par Bela Hanko.

En Afrique, elle habite les torrents montagneux de la Kabylie et du Maroc. Le type que possède le Muséum de Paris mesure 170 millimètres de longueur et provient de l'Oued-el-Abaïch, cours d'eau indiqué comme situé à l'ouest de Collo.

Cette espèce, très appréciée au point de vue comestible, est relativement abondante dans les rivières montagneuses du Grand et du Moyen-Atlas, au Maroc. J'en ai vu, en 1925, de magnifiques spécimens, mesurant près de 50 centimètres de longueur, aux sources de l'Oum Er Rbia.

II. — CYPRINIDÉS [1].

Corps généralement écailleux, tête nue. Bouche protractile, bordée le plus souvent par les prémaxillaires et non les maxillaires, et dépourvue de dents. Parfois des barbillons autour de la bouche. Branchiostèges au nombre de 3. 4 arcs branchiaux. Appareil operculaire bien développé. Pharyngiens inférieurs falciformes, munis de grandes dents spécialisées, disposées en 1 à 3 rangées. Nageoires impaires formées de rayons mous articulés, parfois le deuxième ou le troisième rayon de la dorsale et exceptionnellement de l'anale plus ou moins ossifiés. Pectorales insérées très bas,

1. Les Cyprinidés et les Siluridés qui vont suivre ont été séparés par Sagemehl des Malacoptérygiens proprement dits pour former, avec les Characinidés américains et africains et les Gymnotidés américains, le sous-ordre des Ostariophysiens. Chez ces derniers, les 4 vertèbres antérieures sont modifiées, souvent soudées et accompagnées de petits osselets dits de Weber, mettant en rapport la vessie natatoire et l'oreille. La vessie natatoire communique avec l'œsophage par un conduit. La ceinture scapulaire est suspendue au crâne. Les nageoires pelviennes ou ventrales sont abdominales et sans épine. Les autres nageoires sont aussi uniquement composées de rayons mous articulés; cependant, parfois le premier rayon simple de la pectorale ou l'un des premiers de la dorsale et de l'anale s'ossifient par articles en épines plus ou moins acérées.

se repliant comme les ventrales. Adipeuse toujours absente. Vessie natatoire communiquant par un conduit pneumatophore avec l'œsophage.

Cette énorme famille est répandue dans les eaux douces de tout l'ancien continent et de l'Amérique septentrionale. Comme dans nos rivières métropolitaines, c'est elle qui de beaucoup est la plus richement représentée dans les eaux douces d'Asie-Mineure.

On divise généralement les Cyprinidés en 4 sous-familles principales : les Catostominés, propres à l'Amérique du Nord et à l'est de l'Asie, les Cyprininés, les Cobitidinés et enfin les Homaloptérinés des régions montagneuses de l'Inde, de la Chine et de la Malaisie.

De même qu'en Europe, seuls les Cyprininés et les Cobitidinés se trouvent en Asie-Mineure. Les premiers y figurent avec 12 genres et 22 espèces, les seconds avec 3 genres et 5 espèces.

Voici les caractères des deux sous-familles :

CYPRININÉS. — Corps court ou moyen, écailleux en règle générale. Barbillons absents ou au nombre de 1 ou 2 paires. Dents pharyngiennes en 1 ou 3 rangées, spécialisées, peu nombreuses, parfois grandes. Vessie natatoire non encapsulée, généralement grande et divisée en une partie antérieure et une partie postérieure.

COBITIDINÉS ou Loches. — Corps assez allongé. Écailles rudimentaires ou absentes. Barbillons au nombre de 2 à 5 paires. Dents pharyngiennes en une seule rangée, moyennement nombreuses. Vessie natatoire divisée antérieurement en une chambre droite et une chambre gauche séparées par une constriction et enclose dans une capsule osseuse, la partie postérieure libre ou absente. Dorsale et anale courtes.

I. — Corps couvert d'écailles imbriquées, nettement distinctes. . . .   . CYPRININÉS.

1. — Dorsale longue formée de 17 à 22 rayons branchus. Anale courte. 1 rayon ossifié à la dorsale et à l'anale. Bouche terminale avec 2 paires de barbillons et des lèvres développées . . . . 1. *Cyprinus*.

2. — Dorsale courte comprenant une dizaine de rayons branchus au plus.

    A. — Anale courte à 7 rayons branchus au plus[1].

        a. Bouche inférieure, à lèvres rudimentaires ou absentes, mâchoires recouvertes d'un étui corné. Barbillons : 2 paires, 1 paire ou absents. Ligne latérale complète. . 2. *Varicorhinus*.

        b. Bouche inférieure, à lèvres peu développées. Barbillons : 1 paire ou absents. Ligne latérale incomplète. . . . 3. *Hemigrammocapoeta*.

        c. Bouche terminale (ou inférieure)[2], à lèvres bien développées. Barbillons : 2 paires, 1 paire ou absents. Ligne latérale complète. 4. *Barbus*.

    B. — Anale moyenne de 7 à 12 rayons branchus.

      1. — Ligne latérale complète.

        a. Bouche terminale, sans barbillons ni étui corné.

          α. Dorsale sans rayon ossifié.

          Dents pharyngiennes sur une seule rangée. 5. *Rutilus*.

          Dents pharyngiennes sur 2 rangées . . . . 6. *Leuciscus*.

          β. Dorsale avec un rayon ossifié.

          Dents pharyngiennes sur une seule rangée. . . . . 7. *Acanthorutilus*.

---

1. Exceptionnellement 9 dans *Varicorhinus Holmwoodi* Boulenger.

2. Les caractères indiqués entre parenthèses ne s'appliquent pas aux espèces d'Asie-Mineure.

b. Bouche infère, sans barbillons, à mâchoires dures et tranchantes recouvertes d'un étui corné . . . . 8. *Chondrostoma*.

2. — Ligne latérale incomplète.

Bouche terminale, sans barbillons ni étui corné. Dents pharyngiennes sur une seule rangée. 9. *Rhodeus*.

C. — Anale longue, de 12 à 17 rayons branchus.

a. Ventre non tranchant entre les ventrales et l'anus.

Bouche grande, sans barbillons. Corps assez allongé. . . . . 10. *Aspius*.

b. Ventre tranchant entre les ventrales et l'anus.

Bouche moyenne, sans barbillons. Mâchoire inférieure proéminente. Corps assez allongé. . . . . 11. *Alburnus*.

Bouche moyenne, sans barbillons. Mâchoires égales. Corps assez élevé . 12. *Alburnoides*.

Bouche moyenne, sans barbillons. Mâchoire supérieure généralement proéminente. Corps très comprimé et élevé . . . 13. *Abramis*.

II. — Corps nu ou recouvert d'écailles minuscules. . . . . COBITIDINÉS.

1. — Une petite épine érectile au-dessous de l'œil.

2 paires de barbillons. . . . . 14. *Cobitinula*.

3 paires de barbillons. . . . . . . 15. *Cobitis*.

2. — Pas d'épine au-dessous de l'œil.

3 paires de barbillons . . . . 16. *Nemachilus*.

I. — CYPRINUS Linné.

Cyprinus Linné, Syst. Nat., I, 1758, p. 320; Günther, Cat. Fish., VII,
1868, p. 25; É. Moreau, Poiss. France, III, 1881, p. 368; Antipa,
Fauna Icht. Român., 1909, p. 101.

Corps moyen, comprimé, habituellement recouvert de
grandes écailles [1]. Bouche assez étroite, terminale, protractile, munie de lèvres développées. Barbillons au nombre de
2 paires. Joues non recouvertes par les sous-orbitaires.
Opercule strié. Dents pharyngiennes en 3 rangées, à
couronne aplatie, molariformes (généralement 1, 1, 3 - 3, 1, 1).
Ligne latérale médiane, complète. Dorsale longue, formée
de 3 à 4 rayons simples, le dernier fortement ossifié, denticulé en arrière, et de 17 à 22 rayons branchus. Anale courte,
comprenant 2 ou 3 rayons simples, le dernier fortement
ossifié, et 5 rayons branchus. Pas d'appendice écailleux à
la base de la ventrale.

Ce genre, sur l'importance alimentaire duquel il n'est pas
nécessaire d'insister, ne renferme qu'une espèce fondamen-
tale bien connue, la Carpe commune (*Cyprinus carpio*
Linné) et un nombre considérable de variétés de forme,
d'écaillure et de coloration obtenues le plus souvent à la
suite de patientes sélections et plus ou moins bien fixées.
Quelques-unes de ces variétés ont été considérées par
certains auteurs comme des espèces distinctes.

Originaire d'Asie, la Carpe est maintenant acclimatée
dans les eaux douces, chaudes et tempérées, de la plupart
des régions du globe.

1. — Cyprinus carpio Linné.

Cyprinus carpio Linné, Syst. Nat., I, 1758, p. 320; Cuvier et Valenciennes,
Hist. Poiss., XVI, 1842, p. 23; Günther, Cat. Fish., VII, 1868,

1. Dans la variété cultivée dite Carpe cuir (*Cyprinus nudus* Bloch,
Cyprinus coriaceus Lacépède), les écailles peuvent complètement
disparaître.

p. 25; É. Moreau, Poiss. France, III, 1881, p. 368; Steindachner, Denks. Akad. Wiss. Wien, 64, 1897, p. 694; Antipa, Fauna Icht. Román., 1909, p. 101, pl. VII et VIII.

Cyprinus carpio subsp. *anatolicus* Bela Hanko, Fische Klein-Asien, 1924, p. 150, pl. III, fig. 10.

La hauteur du corps est comprise 2 fois 1/2 à 4 fois dans la longueur sans la caudale; la longueur de la tête 3 fois 1/2 à 4 fois 1/2. L'œil est contenu 4 fois 1/2 à 6 fois 2/3 dans la longueur de la tête. La longueur du museau égale environ la largeur interorbitaire. La mâchoire supérieure dépasse un peu la mandibule. Le barbillon antérieur est assez court; le postérieur, plus long, est attaché un peu au-dessus et en arrière de la commissure des lèvres. On compte le plus souvent 5 écailles entre la ligne latérale et la ventrale. La dorsale débute plus près du bout du museau que de l'origine de la caudale; son 3e ou 4e rayon simple est ossifié, creusé en gouttière en arrière, et garni sur chacun de ses bords de fines denticulations; le 1er rayon branchu est le plus long; le bord supérieur de la nageoire est concave antérieurement, puis droit ou légèrement arrondi. L'anale, très reculée, possède un dernier rayon simple semblable à celui de la dorsale. La pectorale, arrondie, fait des 2/3 aux 4/5 de la longueur de la tête. La ventrale commence un peu en arrière du début de la dorsale. Le pédicule caudal est 1 à 1 fois 1/2 aussi long que haut. La caudale est fourchue, à lobes arrondis.

La coloration, très variable, est généralement brun verdâtre ou bleuâtre sur le dos, avec des reflets dorés sur les côtés.

D. III-IV 17-22; A. III 5; P. I 15-17; V. I 8-9; Sq. 5-6 | 35-40 | 8.

Longueur totale : 1 mètre ou davantage.

Pour un assez grand nombre d'auteurs, la Carpe serait justement originaire d'Asie-Mineure; d'autres la croient venue de l'Asie orientale, de Chine.

Le Dr STEINDACHNER signale un spécimen d'un fleuve d'Asie-Mineure, le Sakaria, mesurant 385 millimètres et remarquable par ses formes ramassées, la plus grande hauteur du corps étant contenue 3 fois, la longueur de la tête près de 4 fois dans la longueur sans la caudale. Cet individu rappelle le type dit *noble* recherché par les pisciculteurs. Ses nombres étaient les suivants :

D. III 19 ; A. III 5 ; Sq. 6 | 36 | 8.

M. BELA HANKO a créé, d'après 6 spécimens de 70 à 275 millimètres provenant de la rivière Pursak, et possédant également un profil élevé, une sous-espèce à laquelle il a donné le nom d'*anatolicus*. Le principal caractère distinctif de celle-ci réside dans la présence d'une dent pharyngienne supplémentaire à la 2ᵉ rangée. La formule dentaire devient donc 1, 2, 3 - 3, 2, 1.

M. BELA HANKO rappelle que l'Asie-Mineure doit être la patrie d'origine de la Carpe. Il cite l'opinion de HEINKE[1], qui affirme que les anciennes formes de Cyprinidés avaient un plus grand nombre de rangées de dents pharyngiennes et dans chacune plus de dents. D'après KAMENSKY[2], la Carpe dériverait d'une forme dont la formule dentaire était 1, 1, 2, 4 - 4, 2, 1, 1.

Malgré ces considérations intéressantes, je ne pense pas qu'il y ait lieu, avant d'avoir recueilli un plus grand nombre d'observations sur les Carpes d'Asie-Mineure, de séparer de la forme commune ces spécimens de la rivière Pursak, qui, par ailleurs, ont des nombres identiques :

D. III-IV 21 ; A. III 5-6 ; P. I 15 ; V. II 8 ; Sq. 6 | 38-39 | 8.

II. — VARICORHINUS Rüppell.

Varicorhinus RÜPPELL, Mus. Senkenb., II, 1857, p. 21 ; BOULENGER, Fish. Nile, 1907, p. 190, et Cat. Fr. Fish. Africa, II, 1909, p. 352, et *ibid.*,

1. F. HEINKE, Variabilität und Bastardbildung bei Cypriniden, *Festschr. zum siebzigsten Geburtstag R. Leuckart*, 1892.

2. S. KAMENSKY Die Cypriniden des Kaukasus, Tiflis, 1899, p. 111.

IV, 1916, p. 212; PELLEGRIN, Poiss. Afrique Nord, 1921, p. 118;
part. BELA HANKO, Fische Klein-Asien, 1924, p. 146.

Capoeta part. CUVIER et VALENCIENNES, Hist. Poiss., XVI, 1842, p. 278;
GÜNTHER, Cat. Fish., VII, 1868, p. 77; BOULENGER, Poiss. Bass.
Congo, 1901, p. 220.

Scaphiodon HECKEL, in Russegger's Reisen, I, 1843, p. 1020.

Chondrostoma part. CUVIER et VALENCIENNES, op. cit., XVII, 1844, p. 381.

Dillonia HECKEL, in Russegger's Reisen, III, 1846, p. 285.

Gymnostomus part. HECKEL, t. c., p. 287.

Onychostoma GÜNTHER, Ann. Mus. Zool. Saint-Pétersbourg, 1896, p. 211.

Pterocapoeta GÜNTHER, Novit. Zool., IX, 1902, p. 446.

Corps comprimé, recouvert d'écailles. Bouche large, infère,
transverse, peu protractile, à lèvres absentes ou rudimentaires. Mâchoire supérieure partiellement recouverte par un
repli rostral; mâchoire inférieure munie d'une arête transversale, recouverte d'un étui corné et tranchant. Barbillons
au nombre de 1 ou 2 paires ou absents. Joues non recouvertes par les sous-orbitaires. Dents pharyngiennes en
3 rangées (2, 3, 4 ou 5-5 ou 4, 3, 2), plus ou moins comprimées, à couronne tronquée. Ligne latérale complète, un
peu plus rapprochée du ventre que du dos, mais occupant
le milieu du pédicule caudal. Dorsale courte, avec ou sans
rayon ossifié, commençant au-dessus ou un peu en avant
de la ventrale. Anale courte, généralement à 7 ou 8 rayons.
Un appendice écailleux à la base des ventrales. Des tubercules nuptiaux, souvent développés sur la tête (d'où le nom
donné au genre) et parfois sur le corps.

On compte une vingtaine d'espèces de ce genre dans le
sud-ouest et le centre de l'Asie. En Afrique, il en existe 16,
dont une spéciale au Maroc.

On reconnaîtra les 6 espèces signalées jusqu'ici en Asie-
Mineure à l'aide du tableau suivant :

I. — 2 paires de barbillons.

    Écailles. Ligne longitudinale 72-82.   1. *V. tinca.*

II. — 1 paire de barbillons.

    a. Dernier rayon simple de la dorsale assez faiblement ossifié.

        Écailles. L. long. 68-75 . .   **2. *V. damascinus.***

        —   —   61-63 . . .   **3. *V. fratercula.***

    b. Dernier rayon simple de la dorsale assez fortement ossifié.

        Lèvre supérieure non frangée. L. long. 52-65 . .

        . . . .   **4. *V. capoeta.***

        Lèvre supérieure frangée. L. long. 56-62 . . . .

        . . . .   **5. *V. Sieboldi.***

III. — Pas de barbillons.

    Écailles. L. long. 60-64. . .   **6. *V. Holmwoodi.***

1. — **Varicorhinus tinca** Heckel.

(Fig. 4).

Scaphiodon tinca HECKEL, in Russegger's Reisen, I, 1843, p. 1021.

Capoeta tinca GÜNTHER, Cat. Fish., VII, 1868, p. 80; STEINDACHNER, Denks. Akad. Wiss. Wien, 64, 1897, p. 687, pl. III, fig. 1; DERJUGIN, Ann. Mus. Zool. Acad. Scienc. Saint-Pétersbourg, IV, 1899, p. 155; LEIDENFROST, Allattani Közl., Budapest, XI, 1912, p. 128.

Varicorhinus tinca BERG, Faune Russie, Poiss., vol. III, liv. 2, 1914, p. 554, fig. 102; BELA HANKO, Fische Klein-Asien, 1924, p. 146.

La hauteur du corps est contenue 3 fois 1/2 à 4 fois 1/2 dans la longueur sans la caudale ; la longueur de la tête 4 fois 1/5 à 4 fois 2/3. Le museau est arrondi. L'œil est mieux visible de dessus que de dessous ; son diamètre est compris 5 à 6 fois 1/2 dans la longueur de la tête, 1 fois 3/4 à 2 fois 1/2 dans la longueur du museau, 1 fois 3/4 à 3 fois 1/2 dans l'espace interorbitaire. La bouche est infère, plus ou moins arrondie en croissant, sa largeur est contenue 3 à 3 fois 1/2 dans la longueur de la tête. Il y a un étui corné à la mâchoire inférieure. Il existe 2 paires de barbillons : l'antérieur légèrement plus court, le postérieur égalant le diamètre de l'œil ou un peu plus long. Les dents pharyngiennes sont au nombre de 2, 3, 4-4, 3, 2, à sommet tronqué, molariforme (fig. 5). On compte 9 à 13 écailles entre la ligne latérale et l'insertion de la ventrale, 24 à 28 autour du pédicule caudal. La dorsale débute à égale distance du bout du museau et de l'origine de la caudale ; son 3ᵉ rayon simple est faiblement ossifié, denticulé en arrière, sa

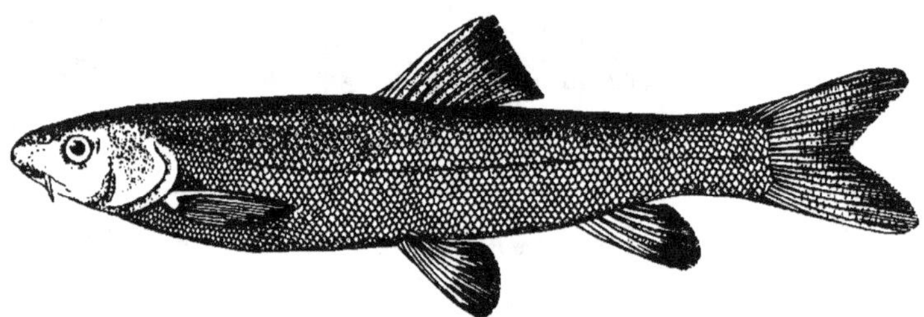

Fig. 4. — *Varicorhinus tinca* Heckel.

longueur est légèrement supérieure à celle de la base de la nageoire et fait des 2/3 aux 3/4 de la longueur de la tête ; le bord supérieur de la nageoire est droit. L'anale atteint parfois la caudale. La pectorale, arrondie, fait des 4/5 aux 5/6 de la longueur de la tête et est séparée de la ventrale par une distance égalant environ sa propre longueur. La ventrale débute sous les premiers rayons branchus de la dorsale et est loin d'atteindre l'anus. Le pédicule caudal est 1 fois 1/2 à 1 fois 3/4 aussi long que haut. La caudale est fourchue, à lobes subacuminés.

La coloration est brunâtre sur le dos, avec des reflets métalliques bleu acier, blanchâtre ou jaunâtre sur les côtés et le ventre. La tête et les nageoires sont uniformément jaunâtres, tirant parfois sur l'orangé.

D. III 8 ; A. III 5 ; P. I 18-19 ; V. I 8 ; Sq. 13-16 | 72-82 | 18-21.

Longueur totale : 350 millimètres.

2 exemplaires. Longueur totale : 230 et 260 millimètres.
Rivière Tchibouk.

71 exemplaires. Longueur de 88 à 350 millimètres. Rivières de
la région d'Angora.

Cette espèce a été décrite d'abord de Brousse en Anatolie.

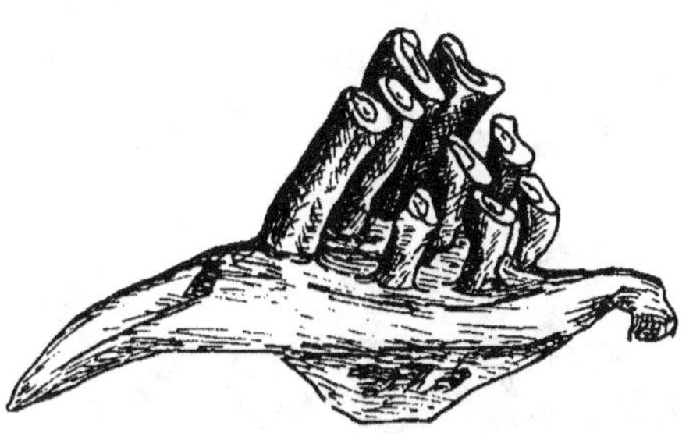

Fig. 5.— Pharyngien inférieur gauche
de *Varicorhinus tinca* Heckel, vu
par la face interne (grossi 4 fois).

Elle a été recueillie depuis en de multiples points d'Asie-Mineure où elle paraît fort abondante. Elle est signalée par BERG dans sa Faune de Russie. Les nombreux spécimens récoltés par M. Henri GADEAU DE KERVILLE constituent une très belle série renfermant quelques adultes de grande taille.

2. **Varicorhinus damascinus** Cuvier et Valenciennes.

(Fig. 6).

Gobio damascinus CUVIER et VALENCIENNES, Hist. Poiss., XVI, 1842,
p. 314, pl. 482.

Scaphiodon capoeta HECKEL, in Russegger's Reisen, I, 1843, p. 1057,
pl. V, fig. 1.

Scaphiodon socialis HECKEL, l. c., p. 1061, et II, 2, p. 217, pl. XV,
fig. 2.

Scaphiodon rostratus KEYSERLING, Zeitschr. Ges. Naturwiss., XVII,
1861, p. 7, fig. 3.

Scaphiodon chebisiensis KEYSERLING, l. c., p. 5, fig. 2.

Capoeta damascina GÜNTHER, Cat. Fish., VII, 1868, p. 77; LORTET, Arch.
Mus. Lyon, III, 1883, p. 159, pl. XV, fig. 3; TRISTRAM, Survey West.
Palestine, 1884, p. 172; PELLEGRIN, Voy. zool. Henri Gadeau de
Kerville en Syrie, IV, 1923, p. 17.

Capoeta socialis LORTET, Arch. Mus. Lyon, III, 1883, p. 159, pl. XV,
   fig. 3.
Varicorhinus damascinus BELA HANKO, Fische Klein-Asien, 1924,
   p. 146.

La hauteur du corps est contenue 3 fois 1/2 à 4 fois dans
la longueur sans la caudale ; la longueur de la tête 4 fois 1/3
à 5 fois. Le museau est obtus et arrondi. L'œil est mieux
visible de dessus que de dessous ; son diamètre est compris
4 fois 2/3 à 6 fois 3/4 dans la longueur de la tête, 2 à 3 fois

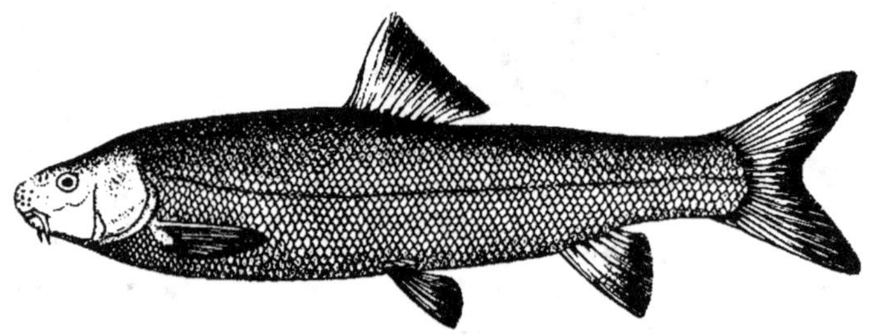

Fig. 6. — *Varicorhinus damascinus* Cuvier et Valenciennes.

dans la longueur du museau et dans l'espace interorbitaire.
La bouche est infère, arrondie, en forme de croissant, avec
une lèvre supérieure à bord lisse et un étui corné à la mâchoire
inférieure ; sa largeur est contenue 3 à 3 fois 1/2 dans la longueur de la tête. Il n'existe qu'une paire de barbillons,
égaux ou un peu supérieurs au diamètre de l'œil. Les dents
pharyngiennes sont au nombre de 2, 3, 4 - 4, 3, 2. On
compte 9 à 12 écailles entre la ligne latérale et l'insertion
de la ventrale, 26 à 30 autour du pédicule caudal. La dorsale débute environ à égale distance du bout du museau et
de l'origine de la caudale ; son 3° rayon simple est moyennement ossifié, finement denticulé en arrière ; sa longueur
fait des 2/3 aux 3/4 de celle de la tête, 1 fois 1/3 environ
celle de la base de la nageoire ; le bord supérieur de celle-ci
est droit. L'anale atteint ou n'atteint pas la caudale. La
pectorale, arrondie, fait les 5/6 environ de la longueur de

la tête; elle est séparée de la ventrale par une distance égale ou inférieure à sa propre longueur. La ventrale débute sous les premiers rayons branchus de la dorsale et est loin d'atteindre l'anus. Le pédicule caudal est 1 fois 1/2 à 1 fois 3/4 aussi long que haut. La caudale est fourchue, à lobes généralement arrondis, parfois pointus.

La coloration est brunâtre sur le dos, blanche ou jaunâtre sur les côtés et le ventre avec des reflets argentés. Les nageoires sont uniformément jaunâtres ou grisâtres.

D. III-IV 8-9; A. III 5; P. I 16-18; V. I. 8-9; Sq. 12-15 | 68-75 | 18-20.

Longueur totale : 280 millimètres.

3 exemplaires. Longueur : 225, 275 et 280 millimètres. Rivière Tchibouk.

1 exemplaire. Longueur : 195 millimètres. Rivière de la région d'Angora.

L'espèce que Cuvier et Valenciennes désignent sous le nom de Goujon de Damas a été décrite d'après des exemplaires de Damas achetés à Bové. Elle est fort commune en Syrie, en Palestine et en Asie-Mineure.

En Syrie, M. Henri Gadeau de Kerville l'avait déjà récoltée dans le lac de Homs. Il l'a retrouvée en Anatolie, aux environs d'Angora.

3. **Varicorhinus fratercula** Heckel.

(Fig. 7).

Scaphiodon fratercula Heckel, in Russegger's Reisen, I, 1843, p. 1059, pl. 5, fig. 2.

Capoeta fratercula Günther, Cat. Fish., 1868, VII, p. 79; Lortet, Arch. Mus. Lyon, III, 1883, p. 156, pl. XV, fig. 1; Tristram, Survey Western Palestine, 1884, p. 173; Boulenger, Ann. Mag. Nat. Hist., 1896, 6, XVIII, p. 153; Pellegrin, Voy. zool. Henri Gadeau de Kerville en Syrie, IV, 1923, p. 17.

La hauteur du corps est contenue 3 fois 3/4 à 4 fois dans la longueur sans la caudale; la longueur de la tête 4 fois

2/3 à 4 fois 3/4. Le museau est obtus et arrondi. L'œil,
mieux visible de dessus que de dessous, est contenu 4 à
6 fois dans la longueur de la tête, 1 fois 2/3 à 2 fois 1/2
dans la longueur du museau, 1 fois 3/4 à 3 fois dans l'espace
interorbitaire. La bouche est infère, plus ou moins arrondie
en forme de croissant ; sa largeur est comprise 2 fois 1/3 à
3 fois dans la longueur de la tête ; la lèvre supérieure est à
bord lisse. Il n'existe qu'une paire de barbillons, environ
aussi longs que l'œil. Les écailles, à stries divergentes, sont

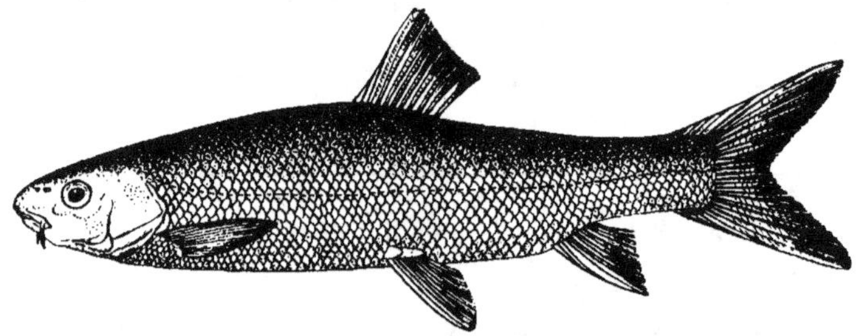

Fig. 7. — *Varicorhinus fratercula* Heckel.

au nombre de 8 entre la ligne latérale et la ventrale, 24
autour du pédicule caudal. La dorsale débute à égale distance
du bout du museau et de l'origine de la caudale ou un peu
plus près du premier ; son 3e rayon simple est moyennement
ou faiblement ossifié, finement denticulé en arrière, et fait
les 3/4 environ de la longueur de la tête ; le bord supérieur
de la nageoire est droit. L'anale, environ aussi haute que la
dorsale, n'atteint pas la caudale. La pectorale, arrondie, fait
des 3/4 aux 5/6 de la longueur de la tête et n'atteint pas la
ventrale. Celle-ci débute sous le 1er ou 2e rayon branchu de
la dorsale. Le pédicule caudal est 1 fois 2/3 à 2 fois aussi
long que haut. La caudale est fourchue, à lobes arrondis ou
subacuminés.

La coloration est uniformément olivâtre clair sur le dos,
avec des reflets argentés, blanc jaunâtre sur le ventre. Les
nageoires sont grisâtres.

D. III 8; A. III 5; P. I 15-16; V. I 9; Sq. 11-13|61-63|15-16.
Longueur totale : 420 millimètres.

Cette espèce, comme je l'ai déjà fait remarquer, est fort voisine de *V. damascinus* C. V. Elle a été décrite de Damas par HECKEL. LORTET la considère comme fort abondante dans les cours d'eau avoisinant Tripoli. M. Henri GADEAU DE KERVILLE en a recueilli 4 exemplaires dans le lac de Homs, l'un d'eux ne mesurant pas moins de 420 millimètres de longueur.

En dehors de la Syrie, ce Poisson a été signalé en Asie-Mineure, aux environs de Smyrne, par M. BOULENGER.

4. **Varicorhinus capoeta** Güldenstädt.

Cyprinus capoeta GÜLDENSTADT, Novi Commentarii Acad. Sc. Petropol., XVII, 1772, p. 507, pl. VIII.

Cyprinus fundulus GÜLDENSTADT, Reise durch Russland, 1787, I, p. 22; PALLAS, Zoographia rosso-asiatica, III, 1811, p. 294.

Capoeta fundulus CUVIER et VALENCIENNES, Hist. Poiss., XVI, 1842, p. 279; KESSLER, Arb. Aralo-Kasp. Exped., IV, 1877, p. 76; KAMENSKY, Cyprinideu des Kaukasus, 1879, p. 115, pl. I-II.

Varicorhinus capoeta BERG, Faune Russie, III, 1914, L. 2, p. 537, fig. 95; BELA HANKO, Fische Klein-Asien, 1924, p. 146.

La hauteur du corps est contenue 4 à 4 fois 1/2 dans la longueur sans la caudale ; la longueur de la tête 4 fois 2/3 à 4 fois 3/4. Le museau est obtus et arrondi. L'œil est mieux visible de dessus que de dessous ; son diamètre est compris 4 fois dans la longueur de la tête, 1 fois 1/2 dans la longueur du museau, 2 fois dans l'espace interorbitaire. La bouche est infère, arrondie en forme de croissant. La lèvre supérieure n'est pas frangée. La mâchoire inférieure est garnie d'un étui corné. Il n'y a qu'une paire de barbillons, un peu inférieurs au diamètre de l'œil. On compte 6 à 8 écailles, à stries divergentes, entre la ligne latérale et la ventrale, 20 à 22 autour du pédicule caudal. La dorsale est basse ; elle débute environ à égale distance du bout du museau et de l'origine de la caudale ; son 3ᵉ rayon est fortement ossifié, épais, denticulé en arrière, et mesure les 3/4 de la longueur de la tête ; le bord supérieur de la nageoire est faiblement concave. L'anale, aussi haute que la dorsale, n'atteint pas la caudale. La pectorale, arrondie, égale presque la longueur de la tête et est séparée de la ventrale par une distance égalant environ la 1/2 de sa propre longueur. La ventrale débute sous le 1ᵉʳ rayon branchu de la dorsale. Le pédicule caudal est 2 fois environ aussi long que haut. La caudale est fourchue, à lobes pointus ou subacuminés.

La coloration est vert foncé ou brunâtre sur le dos avec des reflets métalliques argentés et parfois des points noirs ; le ventre est blanc jaunâtre ; les nageoires sont jaunâtres.

D. IV 8-9 ; A. III 5 ; P. I 18-20 ; V. I 9 ; Sq. 7-11 | 52-65 | 10-11.

Longueur totale : 300 millimètres.

D'après Cuvier et Valenciennes, on trouve le Capoète fundule dans le Cyrus ; pendant l'hiver seulement il sort des profondeurs de la mer Caspienne, aussi ne le prend-on pas en été. Les pêcheurs d'Arménie et de Géorgie le nomment *pitschchul.*

En Asie-Mineure, 7 jeunes spécimens, de 80 à 100 millimètres, ont été signalés de Bozanti par Bela Hanko.

Var. **Angoræ** Bela Hanko.

Varicorhinus capoeta subsp. *Angoræ* Bela Hanko, Fische Klein-
Asien, 1924, p. 146.

La hauteur du corps égale la longueur de la tête. La tête est large, le museau tronqué. La bouche est infère ; sa largeur fait 2 fois le diamètre de l'œil. Le barbillon égale le diamètre de l'œil qui est contenu 5 fois dans la longueur de la tête. Les dents pharyngiennes sont au nombre de 2, 3, 4 - 4, 3, 2. On compte 8 écailles entre la ligne latérale et la ventrale. Le 4ᵉ rayon simple de la dorsale est mince, finement denticulé; l'origine de la nageoire est plus rapprochée du bout du museau que de la base de la caudale; ses plus longs rayons égalent la longueur de la tête; ceux de l'anale sont de même longueur. La caudale est profondément fourchue, à lobes pointus.

La couleur est brunâtre avec des reflets argentés; chaque écaille est marquée de brun foncé; le ventre est blanchâtre; l'iris est doré.

D. IV 9; A. III 6; P. I 18; V. I 9; Sq. 12 | 65 | ?
Longueur totale : 160 millimètres.

Cette variété n'est connue que par un spécimen de Bozanti.

5. **Varicorhinus Sieboldi** Steindachner.

(Fig. 8).

Scaphiodon Sieboldi STEINDACHNER, Verh. Zool. Bot. Ges. Wien, XIV, 1864, p. 224.

Capoeta gracilis (non KEYSERLING) GÜNTHER, Cat. Fish., VII, 1868, p. 80; STEINDACHNER, Denks. Akad. Wiss. Wien, 64, 1897, p. 686, pl. II, fig. 2, et p. 694, pl. IV, fig. 2; LEIDENFROST, Allattani Közl., Budapest, XI, 1912, p. 128.

Varicorhinus Sieboldi BERG, Faune Russie, III, 2, 1914, p. 550, fig. 100 et 101; BELA HANKO, Fische Klein-Asien, 1924, p. 148.

La hauteur du corps est contenue 3 fois 3/4 à 4 fois 1/4 dans la longueur sans la caudale, la longueur de la tête 4 fois 1/3 à 5 fois. Le museau est arrondi. L'œil est mieux visible de dessus que de dessous; son diamètre est compris 4 fois 1/2 à 6 fois dans la longueur de la tête, 1 fois 3/4 à 2 fois 2/3 dans la longueur du museau, 1 fois 2/3 à 2 fois 2/3 dans l'espace interorbitaire. La bouche est infère, en croissant; sa largeur est contenue 3 fois 1/3 à 3 fois 1/2 dans la longueur de la tête. La lèvre supérieure est frangée. Il existe un étui corné à la mâchoire inférieure. Les barbillons, au nombre d'une seule paire, égalent le diamètre de l'œil ou presque. Les dents pharyngiennes sont au nombre de

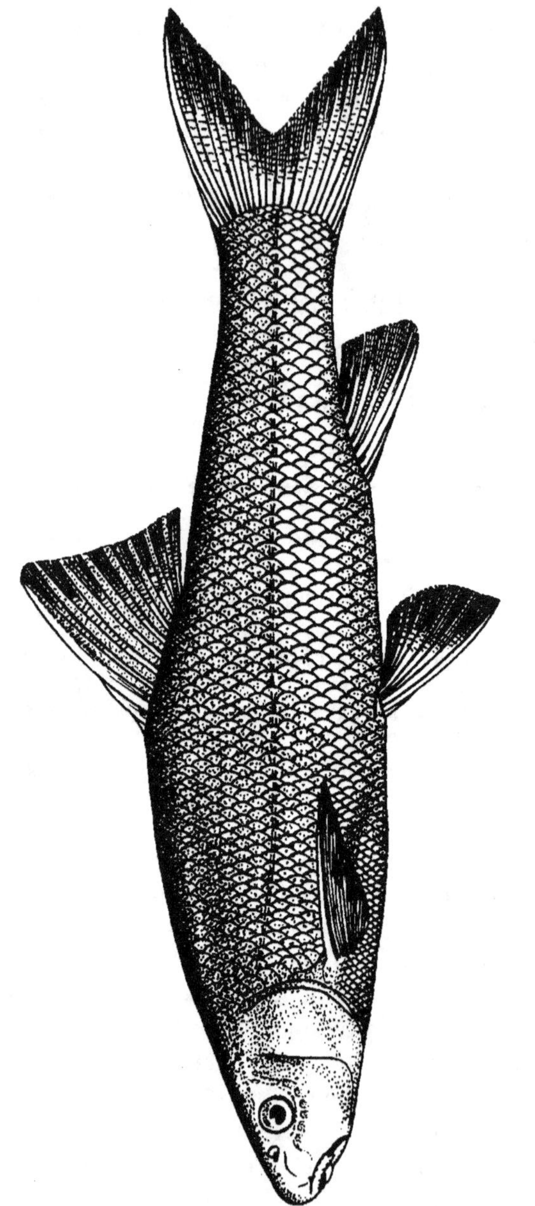

Fig. 8. — *Varicorhinus Sieboldi* Steindachner.

2, 3, 4 - 4, 3, 2, à couronne tronquée, molariforme (fig. 9).
On compte 8 à 10 écailles entre la ligne latérale et la ventrale, 22 autour du pédicule caudal; les écailles du ventre sont fort petites. La dorsale débute à égale distance environ du bout du museau et de l'origine de la caudale; son 3e rayon simple est assez fort, ossifié et finement denticulé en arrière; il mesure des 3/4 aux 5/6 de la longueur de la tête; le bord supérieur de la nageoire est droit. L'anale, égale à la dorsale ou un peu plus longue que celle-ci, n'arrive pas à la caudale. La pectorale, arrondie, fait des 3/4 aux 4/5 de la longueur de la tête et est séparée de la ventrale par une distance égalant environ sa propre longueur. La ventrale s'insère sous

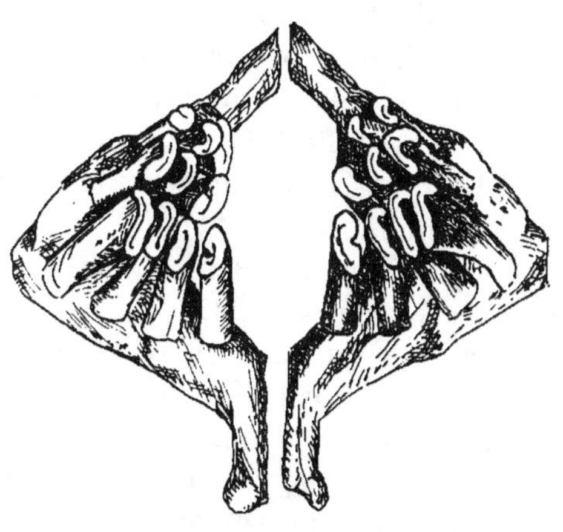

Fig. 9. — Pharyngiens inférieurs de *Varicorhinus Sieboldi* Steindachner (grossis 2 fois).

le 1er rayon branchu de la dorsale et est loin d'atteindre l'anus. Le pédicule caudal est 1 fois 1/2 à 2 fois aussi long que haut. La caudale est fourchue, à lobes pointus.

La coloration est brunâtre en dessus avec des reflets argentés, blanche ou jaunâtre sur les côtés et le ventre. Les nageoires sont jaunâtres ou grisâtres.

D. III-IV 8; A. III 5; P. I 15-16; V. I 8; Sq. 9-10 | 56-62 | 14-18.
Longueur totale : 390 millimètres.

1 exemplaire. Longueur : 265 millimètres. Rivière Tchibouk.
90 exemplaires. Longueur : 125 à 335 millimètres. Rivières de la région d'Angora.

1 exemplaire monstrueux (bouche anormale). Longueur : 105 millimètres. Rivière de la région d'Angora.

Cette espèce paraît fort répandue en Asie-Mineure où elle a été signalée par la plupart des auteurs qui se sont occupés de cette contrée. Elle se rencontre aussi dans les régions limitrophes.

Les individus récoltés par M. Henri GADEAU DE KERVILLE dans les cours d'eau de la région d'Angora forment une belle série, depuis les jeunes jusqu'aux adultes de grande taille. La dimension de 335 millimètres est cependant parfois dépassée, car STEINDACHNER mentionne un adulte du fleuve Sakaria mesurant 390 millimètres.

Un des individus recueillis par M. Henri GADEAU DE KERVILLE présente une bouche anormale (pl. I, fig. 4). Cet exemplaire, qui est un jeune, a le museau remarquablement court et tronqué. La bouche est constituée par une petite fente en croissant à peine égale au diamètre de l'œil et contenue 4 fois 1/2 environ dans la longueur de la tête. Les lèvres sont relativement réduites et les barbillons font les 3/4 environ du diamètre oculaire. Tous les autres caractères s'identifient à ceux des sujets de même provenance et de dimensions analogues; aussi, je considère cet individu comme représentant simplement une anomalie caractérisée par une atrophie de la partie antérieure de la face et de l'orifice buccal.

6. — **Varicorhinus Holmwoodi** Boulenger.

Capoeta Holmwoodii BOULENGER, Ann. Mag. Nat. Hist., 1896, 6, XVIII, p. 153.

La hauteur du corps égale la longueur de la tête et est contenue 4 fois 1/2 à 4 fois 2/3 dans la longueur sans la caudale. Le museau est arrondi, faiblement proéminent, aussi long que l'œil dont le diamètre est compris 4 fois dans la longueur de la tête. La largeur interorbitaire fait les 2/5 de la longueur de la tête, la largeur de la bouche le 1/4. Il n'y a pas de barbillon. On compte 5 écailles entre la ligne latérale et l'insertion de la ventrale. La dorsale, sans rayon osseux, commence à égale distance du bout du museau et de l'origine de la caudale. La pectorale est un peu plus courte que la tête ; la distance de son extrémité à l'insertion de la ventrale égale la 1/2 de sa longueur. La ventrale commence au-dessous du début de la dorsale. Le pédicule caudal est un peu plus long que haut. La caudale est fourchue, à lobes arrondis.

La coloration est olivâtre clair en dessus, argentée sur les côtés et en dessous.

D. II 8 ; A. III 9 ; P. I 14-15 ; V. I 8 ; Sq. 9-10 | 60-64 | 10.
Longueur totale : 120 millimètres.

Cette espèce est connue par les types du British Museum qui proviennent des rivières et ruisseaux des environs de Smyrne.

A ma demande, M. Norman a bien voulu vérifier sur ces 2 exemplaires que le nombre des rayons branchus de l'anale est bien de 9. Malgré ce chiffre élevé, assez anormal, on peut sans doute maintenir ces Poissons dans le genre, car la conformation de leur bouche est bien celle des *Varicorhinus*.

III. — HEMIGRAMMOCAPOETA Pellegrin.

Hemigrammocapoeta Pellegrin, Bull. Soc. Zool. France, 1927, p. 34.
Varicorhinus part. Bela Hanko, Fische Klein-Asien, 1924, p. 146.

Corps comprimé, recouvert d'écailles grandes ou moyennes. Bouche moyenne, infère, transverse, faiblement protractile, avec des lèvres peu développées, surtout visibles sur les côtés à la mandibule. Mâchoire supérieure recouverte par un repli rostral. Barbillons au nombre d'une paire ou absents. Joues non recouvertes par les sous-orbitaires. Dents comprimées.

à couronne oblique, tronquée, en 3 rangées (2 ou 3, 3, 4 ou 5 - 5 ou 4, 3, 3 ou 2). Ligne latérale incomplète. Dorsale courte, sans rayon denticulé, commençant au-dessus des ventrales. Anale courte à 7 ou 8 rayons. Un appendice écailleux à la base des ventrales. Tubercules nuptiaux de la tête peu marqués. Péritoine noir.

Ce genre, remarquable surtout par sa ligne latérale incomplète, comprend deux formes naines, intermédiaires aux *Varicorhinus* et aux *Barbus*, qu'on reconnaîtra facilement :

1. Une paire de barbillons.

Écailles au nombre de 29-32 en ligne longitudinale.
. . . . *H. culiciphaga.*

2. Barbillons absents.

Écailles au nombre de 37-40 en ligne longitudinale.
. . . . *H. Kemali.*

1. — **Hemigrammocapoeta culiciphaga** Pellegrin.

(Pl. I, fig. 1).

Hemigrammocapoeta culiciphaga PELLEGRIN, Bull. Soc. Zool. France, 1927, p. 34.

La hauteur du corps est contenue 2 fois 3/4 à 3 fois 1/4 dans la longueur sans la caudale; la longueur de la tête, 3 à 3 fois 1/2. Le museau est arrondi. L'œil est latéral, en majeure partie situé dans la 1/2 antérieure de la tête; son diamètre est contenu 3 à 3 fois 1/3 dans la longueur de la tête, 1 fois 1/2 à 1 fois 2/3 dans l'espace interorbitaire. La bouche est infère, arrondie en croissant; sa largeur est comprise 2 fois 3/4 dans la longueur de la tête. Il existe de chaque côté de l'angle buccal un barbillon minuscule. On ne distingue pas d'étui corné à la mâchoire inférieure; un repli labial se voit à droite et à gauche, mais se trouve interrompu à la partie médiane. Les dents pharyngiennes sont au nombre de 3, 3, 5 - 5, 3, 3 (fig. 10). On compte 4 ou 4 écailles 1/2 entre la série correspondant à la ligne latérale et la ventrale, 16 autour du pédicule caudal. La ligne latérale ne perce que 7 à 11 écailles. La dorsale débute à égale distance du bout du museau et de l'origine de la caudale ; son 3ᵉ rayon, simple, mince, flexible, fait des 4/5 à 1 fois la longueur de la tête ; le bord supérieur de la nageoire est généralement droit. L'anale n'atteint pas la caudale. La pectorale, arrondie, mesure des 3/4 aux 4/5 de la longueur de la tête et n'arrive pas à la ventrale. La ventrale débute sous les premiers rayons simples de la dorsale et n'atteint pas l'anale. Le pédicule caudal est à peine plus long que haut. La caudale est fourchue, à lobes arrondis.

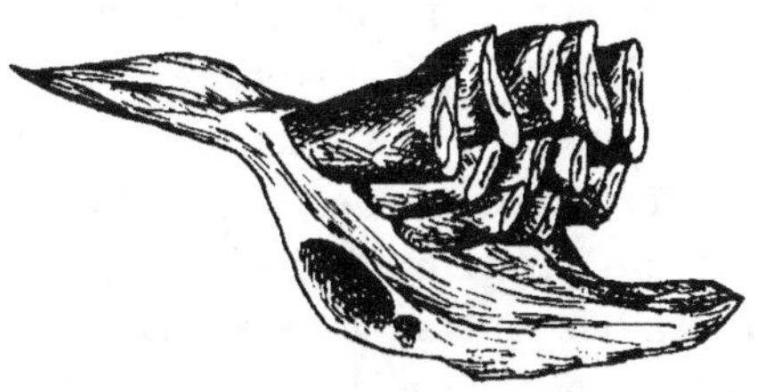

Fig. 10.—Pharyngien inférieur gauche d'*Hemigrammocapoeta culiciphaga* Pellegrin (grossi 24 fois).

La coloration est brunâtre en dessus, blanchâtre en dessous, avec une ligne longitudinale foncée, étendue tout le long des côtés à partir du niveau supérieur de la fente branchiale, et terminée par un point noir à la fin du pédicule caudal. Les nageoires sont grises.

D. III 7 (8) ; A. II 5 ; P. I 13 ; V. I 7 ; Sq. 5 ½ | 29-32 | 6 ½ - 7 ½.

Longueur totale : 44 millimètres.

Les types de cette curieuse espèce, qui figurent au Muséum national d'Histoire naturelle de Paris, proviennent de Déniz Couyoussi, aux environs d'Adana, et mesurent de 32 à 44 millimètres. Ce sont des adultes ; l'un d'eux est une femelle à abdomen rempli d'œufs mesurant jusqu'à 3/4 de millimètre de diamètre.

Ces échantillons m'ont été remis par le Pr BRUMPT, qui les tenait du Dr E. TOK, médecin-chef du service antipaludique de la région d'Adana. D'après les expériences de ce dernier, ces Poissons sont d'excellents destructeurs de larves de Moustiques, d'où le nom donné à l'espèce.

2. — **Hemigrammocapoeta Kemali** Bela Hanko.

Varicorhinus Kemali BELA HANKO, Fische Klein-Asien, 1924, p. 149, pl. III, fig. 4.

L'aspect général rappelle le genre Vairon (*Phoxinus*). La hauteur du corps est contenue 3 fois 1/2 dans la longueur sans la caudale, la longueur de la tête 3 fois 3/4. Le museau est obtus. L'œil est latéral, son diamètre, égal à celui de la fente buccale, est contenu 4 fois dans la longueur de la tête. La bouche est infère, arrondie en croissant. La mâchoire inférieure possède un étui corné. Il n'y a pas de barbillon. On compte 5 écailles entre la série d'écailles correspondant à la ligne latérale et l'insertion de la ventrale. La ligne latérale ne s'étend que sur 5 à 8 écailles. La dorsale commence à égale distance du bout du museau et de l'origine de la caudale ou un peu plus près de cette dernière ; son 3° rayon simple, non ossifié, est d'une longueur égale à celle de la base de la nageoire. L'anale n'atteint pas la caudale ; la longueur de ses plus longs rayons fait les 2/3 de celle de la tête. La pectorale, arrondie, égale environ l'anale, et est loin d'atteindre la ventrale. Celle-ci, arrondie également, s'insère sous le début de la dorsale et n'arrive pas à la caudale. Le pédicule caudal est environ aussi long que haut. La caudale est fourchue, à lobes arrondis.

La coloration est brune en dessus, grise sur les côtés, blanche sous le ventre, avec une ligne longitudinale foncée médiane. Les nageoires sont claires. L'iris est doré.

D. III 7 ; A. II 5 ; P. I 11 ; V. I 7 ; Sq. 8-9 | 37-40 | 8-9.

Longueur totale : 56 millimètres.

Cette petite espèce n'est connue que par les types recueillis par le Dr LENDL dans l'Érégli et qui mesurent de 50 à 56 millimètres.

Var. **turcica** Bela Hanko.

Varicorhinus Kemali subsp. *turcicus* BELA HANKO, Fische Klein-Asien, 1924, p. 150, pl. III, fig. 5.

L'aspect général rappelle le genre Ablette (*Alburnus*). La hauteur du corps est contenue 3 fois 1/4 à 3 fois 3/4 dans la longueur sans la caudale, la longueur de la tête 3 fois 3/4 à 4 fois. La bouche est plus petite que le diamètre de l'œil qui est compris 3 fois 3/4 dans la longueur de la tête. La mâchoire inférieure possède un étui corné. Il n'y a pas de barbillon. Les dents pharyngiennes sont au nombre de 2, 3, 4 - 4, 3, 2. La ligne latérale ne perce que 6 à 14 écailles. Les 3 premiers rayons simples de la dorsale sont ossifiés, mais grêles et non denticulés; la longueur de la nageoire égale les 2/3 de sa hauteur. La longueur de l'anale fait les 3/5 de celle de la tête. La pectorale, arrondie, égale la hauteur de la dorsale. La ventrale est de même longueur. Le pédicule caudal est environ aussi long que haut. La caudale est fourchue, à lobes un peu pointus.

La teinte du dos est de couleur chocolat; les écailles des côtés sont tachetées de brun et bordées de clair; le ventre est blanc. Il existe une ligne longitudinale bleu acier. L'iris est doré.

D. III 8; A. II 6; P. I 12; V. I 7; Sq. 7 | 38 | 8.

Longueur totale : 70 millimètres.

Comme les précédents, ces petits Poissons sont connus seulement par les types venant de l'Érégli et dont la longueur est comprise entre 65 et 70 millimètres.

IV. — BARBUS Cuvier.

Barbus Cuvier, Règne Anim., II, 1817, p. 197; Cuvier et Valenciennes,
Hist. Poiss., XVI, 1842, p. 122; Heckel, in Russegger's Reisen,
II, 1848, p. 1017; Günther, Cat. Fish., VII, 1868, p. 82; É. Moreau,
Poiss. France, III, 1881, p. 379; Boulenger, Poiss. Bass. Congo,
1901, p. 221; Fish. Nile, 1907, p. 195, et Cat. Fr. Fish. Africa, II,
1911, p. 1; Pellegrin, Poiss. Afrique Nord, 1921, p. 119, et
Poiss. Afrique occident., 1923, p. 126; Bela Hanko, Fische
Klein-Asien, 1924, p. 144.

Labeobarbus Rüppell, Mus. Senckenb., II, 1837, p. 14; Heckel, t. c.,
p. 1019.

Cheilobarbus A. Smith, III, Zool. S. Africa Fish., 1841.

Pseudobarbus A. Smith, l. c.

Capoeta part. Cuvier et Valenciennes, t. c., p. 278.

Systomus part. Heckel, l. c., p. 1016.

Luciobarbus Heckel, l. c., p. 1019.

Puntius part. H. Buchanan, Fish. Ganges, 1822, p. 388; Bleeker, Nat.
Verh. M. Wetensch. Haarlem, XVII, 1862, p. 112.

Enteromius Cope, Trans. Amer. Philos. Soc., (2) XIII, 1867, p. 405.

Barynotus Günther, t. c., p. 61.

Hemigrammopuntius Pellegrin, Poiss. Afrique occident., 1923, p. 128.

Corps plus ou moins comprimé, recouvert d'écailles.
Bouche petite ou moyenne, plus ou moins protractile, avec
des lèvres de dimensions variables. Barbillons au nombre
d'une ou deux paires, parfois absents[1]. Joues non recouvertes
par les sous-orbitaires. Dents pharyngiennes en 3 rangées
(2 ou 3, 3, 4 ou 5 - 5 ou 4, 3, 3 ou 2), souvent cylindriques,
crochues, avec une excavation à la base de la couronne;
une ou plusieurs de la série interne, parfois molariformes.
Ligne latérale habituellement présente et complète, plus
rapprochée du ventre que du dos, mais médiane sur le pédicule caudal. Dorsale, avec ou sans rayon ossifié, comprenant

---

1. Day (Fishes of India, 1888, p. 556) divise les Barbeaux du sud de
l'Asie en 3 sous-genres, d'après le nombre des barbillons : 2 paires
Barbodes Bleeker; une paire *Capoeta* C. V.; barbillons absents *Puntius*
Hamilton Buchanan.

de 9 à 14 rayons dont 6 à 11 branchus. Anale courte, avec 7 à 10 rayons. Habituellement un appendice écailleux à la base de la ventrale.

Ce genre, un des plus riches en espèces de la classe des Poissons, est répandu dans les eaux douces de l'Europe, de l'Asie, de la Malaisie et de toute l'Afrique. Il présente son maximum de différenciation dans le sud-est de l'Asie et en Afrique où on n'en compte pas moins de 250 espèces environ.

BOULENGER répartit les espèces africaines du genre en trois sections établies sur un caractère qui n'est pas sans valeur : la structure des écailles ; celles-ci sont tantôt à stries nombreuses et parallèles, tantôt à stries nombreuses et divergentes, tantôt à stries peu nombreuses et divergentes.

En Asie-Mineure on ne trouve que 2 espèces se rapprochant du Barbeau commun européen ou Barbillon (*Barbus fluviatilis* Agassiz) et rentrant dans le sous-genre *Barbus* proprement dit, caractérisé de la manière suivante :

Partie visible des écailles à stries nombreuses divergentes ; dorsale à dernier rayon simple osseux, souvent denticulé en arrière sur une plus ou moins longue étendue ; 2 paires de barbillons. Ligne latérale complète. Péritoine clair.

On distinguera facilement les deux espèces d'Anatolie à l'aide des dimensions des écailles.

Écailles. Ligne longitudinale 55-62. . *Barbus lacerta.*
—   —   43-46. *Barbus lydianus.*

1. — **Barbus lacerta** Heckel.

Barbus lacerta HECKEL, in Russegger's Reisen, I, 1843, p. 1044, pl. II, fig. 1 ; GÜNTHER, Cat. Fish., VII, 1863, p. 90 : STEINDACHNER, Denks. Akad. Wiss Wien, 64, 1897, p. 688, pl. III, fig. 2 ; DERJUGIN, Ann. Mus. Zool. Acad. Sc. Saint-Pétersbourg, IV, 1899, p. 159 ; LEIDENFROST, Allattani Közl., Budapest, 1911, XI, p. 128 ; BELA HANKO, Fische Klein-Asien, 1924, p. 144.

La hauteur du corps est comprise 3 fois 3/4 à 4 fois 1/3 dans la longueur sans la caudale, la longueur de la tête

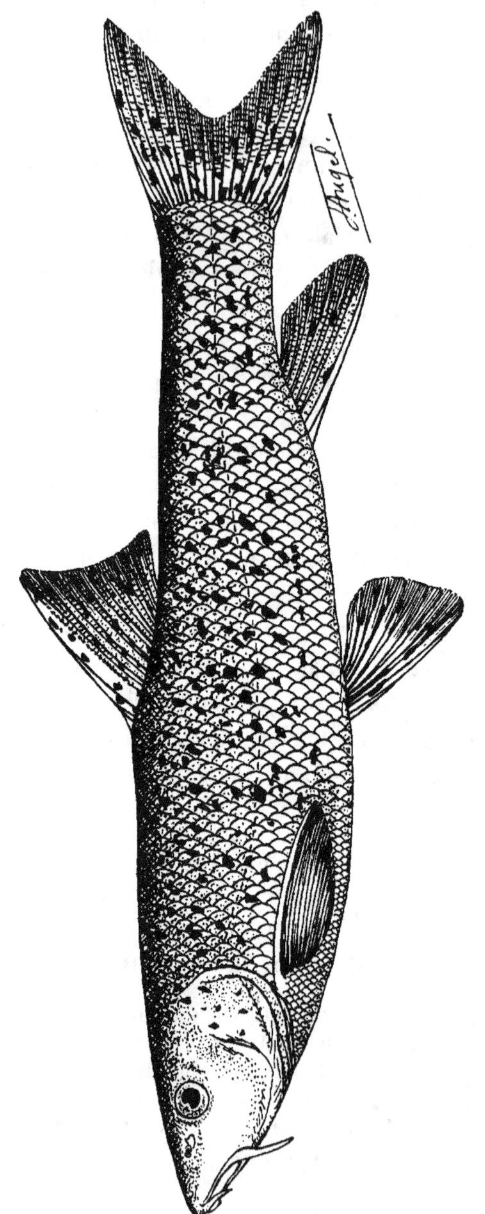

Fig. 11. — *Barbus lacerta* Heckel var. *Escherichi* Steindachner.

3 fois 2/3 à 4 fois. Le museau est allongé, les lèvres sont développées. Le diamètre de l'œil est compris 2 fois à 2 fois 1/4 dans la longueur du museau, 1 fois 2/3 à 1 fois 3/4 dans l'espace interorbitaire, 5 fois à 5 fois 1/2 dans la longueur de la tête. Il y a 2 barbillons de chaque côté, l'antérieur égal ou un peu supérieur au diamètre de l'œil, le postérieur mesurant 1 fois 1/5 à 1 fois 1/3 celui-ci. Les dents pharyngiennes sont au nombre de 2, 3, 5 - 5, 3, 2. On compte 7 ou 8 écailles entre la ligne latérale et la ventrale, 22 autour du pédicule caudal. La dorsale, à bord supérieur droit, débute à égale distance du bout du museau et de l'origine de la caudale, ou un peu plus près de celle-ci ; son 4e rayon simple est ossifié, médiocrement fort, avec de fines denticulations sur une partie de son bord postérieur ; le plus long rayon fait les 2/3 environ de la longueur de la tête. L'anale, un peu plus de 2 fois aussi longue que large, arrive presque à la caudale. La pectorale, légèrement pointue, fait des 3/4 aux 4/5 de la longueur de la tête. La ventrale débute à peine en arrière de l'origine de la dorsale. Le pédicule caudal est 1 fois 1/2 à 1 fois 2/3 aussi long que haut. La caudale est moyennement fourchue, à lobes pointus, beaucoup plus courts que la longueur de la tête.

La coloration est brun olivâtre sur le dos, blanc argenté et jaunâtre sur les côtés. Il y a des mouchetures brunes irrégulières sur le dos, la dorsale et la caudale.

D. III-IV 8 ; A. III 5 ; P. I 16-18 ; V. I 8 ; Sq. 12 | 56-62 | 13-14.

Longueur totale : 227 millimètres.

2 exemplaires. Longueur : 85 et 113 millimètres. Rivière Mélès.
2 exemplaires. Longueur : 64 et 68 millimètres. Rivière Kémer.

Les types provenaient de la rivière Kueik, près d'Alep, dans le nord de la Syrie. L'espèce a été signalée à plusieurs reprises en Asie-Mineure, notamment par BELA HANKO à Eski-Chéhir. Les exemplaires recueillis par M. Henri GADEAU DE KERVILLE dans les environs de Smyrne sont des jeunes.

Var. **Escherichi** Steindachner.

(Fig. 11).

Barbus lacerta var. *Escherichii* STEINDACHNER, Denks. Akad. Wiss. Wien,
64, 1897, p. 688, pl. II, fig. 1 ; LEIDENFROST, Allattani Közl.,
Budapest, 1912, p. 128 ; BELA HANKO, Fische Klein-Asien, 1924,
p. 145.

Barbus tauricus Escherichii BERG, Faune Russie, Poiss., III, 1914, 2,
p. 580, fig. 111.

La hauteur du corps égale environ la longueur de la tête
et est contenue 4 fois dans la longueur sans la caudale.
Le diamètre de l'œil est compris 2 fois 2/3 à 3 fois dans
la longueur du museau, 6 à 7 fois dans la longueur de la
tête. Les lèvres sont très développées, l'inférieure largement interrompue au milieu. Les dents pharyngiennes, fortes, crochues, sont au nombre de 2, 3, 5 - 4, 3, 2 (fig. 12). La dorsale, à bord supérieur légèrement concave, a son

Fig. 12. — Pharyngien inférieur gauche de *Barbus lacerta* Heckel var. *Escherichi* Steind. (grossi 4 fois).

4e rayon simple fortement ossifié et finement denticulé en
arrière. La caudale est très fourchue, à lobes pointus, presque
aussi longs que la tête.

Le dos a des reflets bleu acier ; de fines mouchetures
couvrent le dos, les côtés, la dorsale et la caudale. Le ventre
est doré.

D. IV 8 ; A. III 5 - 6 ; P. I 15 - 16 ; V. I 8 ; Sq. 11-12|55-58|
13-15.

Longueur totale : 340 millimètres.

2 exemplaires. Longueur : 250 et 340 millimètres. Rivière de la
région d'Angora.

Steindachner distingue cette variété surtout à cause de la forme un peu différente de la dorsale et de la caudale, et par l'ossification plus forte du dernier rayon simple de la dorsale. Le plus grand spécimen vu par lui, provenant de la rivière Pursak, mesurait 288 millimètres. On voit que cette dimension est largement dépassée par l'un des beaux exemplaires rapportés par M. Henri Gadeau de Kerville.

M. Bela Hanko signale cette variété à Eski-Chéhir.

Var. **scincus** Heckel.

Barbus scincus Heckel, in Russegger's Reisen, I, 1843, p. 1049, et II, 1846, p. 212, pl. XIV, fig. 3; Günther, Cat. Fish., VII, 1863, p. 90; Steindachner, Denks. Akad. Wiss. Wien, 64, 1897, p. 689.

Barbus lacerta var. *scincus* Bela Hanko, Fische Klein-Asien, 1924, p. 145.

La tête est courte, sa longueur est contenue 4 fois 2/3 à 5 fois dans la longueur sans la caudale. Le profil supérieur est convexe. La dorsale, à bord supérieur droit, a son 4ᵉ rayon simple, faiblement ossifié et finement denticulé en arrière. La caudale, moyennement fourchue, a ses lobes pointus beaucoup plus courts que la tête.

D. IV 8; A. III 5; P. I 14-17; V. I 7-8; Sq. 10-11 | 55-56 | ?
Longueur totale : 188 millimètres.

Heckel séparait son *Barbus scincus* de son *B. lacerta*, bien que ses types aient eu la même origine, la rivière Kueik, près d'Alep. Steindachner réunit ensemble les 2 formes. Avec Bela Hanko, il semble possible de faire du *B. scincus* une variété remarquable surtout par sa tête raccourcie.

2. — **Barbus lydianus** Boulenger.

Barbus lydianus Boulenger, Ann. Mag. Nat. Hist., 6, XVIII, 1896, p. 153.

La hauteur du corps est comprise 3 fois 2/3 à 4 fois 1/3 dans la longueur sans la caudale, la longueur de la tête

3 fois 1/2 à 4 fois. Le museau est arrondi, faiblement proéminent, environ 2 fois aussi long que le diamètre de l'œil qui est contenu 4 fois 1/2 à 5 fois dans la longueur de la tête ; l'espace interorbitaire fait lë 1/3 de la longueur de la tête. Il y a 2 barbillons de chaque côté, l'antérieur un peu plus court, le postérieur faisant 1 fois 1/2 à 1 fois 2/3 le diamètre de l'œil. On compte 4 ou 5 écailles entre la ligne latérale et la ventrale. La dorsale débute un peu plus près de la base de la caudale que du bout du museau ; son dernier rayon simple est fortement ossifié, faisant les 3/5 de la longueur de la tête, avec 23 à 25 fortes denticulations en arrière. La ventrale débute sous l'origine de la dorsale. La caudale est fourchue.

La coloration est olivâtre clair sur le dos, argentée en dessous ; il existe de petits points foncés sur le dos et les côtés.

D. III 7-8 ; A. II 5 ; Sq. 7-8 | 43-46 | 8-9.

Longueur totale : 140 millimètres.

L'espèce est connue par les types qui proviennent des environs de Smyrne.

V. — RUTILUS Rafinesque.

Rutilus RAFINESQUE, Ichthyologia Ohiensis, 1820, p. 48 et 50 ; BERG, Faune Russie, Poiss., III. 1, 1912, p. 40.

Gardonus C. BONAPARTE, Atti. Sci. Ital., 1846, p. 29.

Leucos HECKEL, in Russegger's Reisen, I, 1843, p. 1038.

Leuciscus part. GÜNTHER, Cat. Fish., VII, 1868, p. 207 ; É. MOREAU, Poiss. France, III, 1881, p. 413 ; ANTIPA, Fauna Icht. Român., 1909, p. 178.

Corps plus ou moins comprimé, recouvert d'écailles moyennes. Bouche moyenne ou assez large, sans lèvres ni barbillons. Sous-orbitaires petits ; joues nues. Dents pharyngiennes sur une seule rangée (6 ou 5 - 5 ou 6), comprimées, plus ou moins crochues et biseautées. Ligne latérale complète, plus rapprochée du ventre que du dos, mais médiane sur le pédicule caudal. Dorsale courte, sans rayon ossifié, composée de 2 ou 3 rayons simples et de 7 à 11 branchus, commençant au-dessus de l'insertion de la ventrale ou à peine en arrière. Anale semblable à la dorsale, formée de 3 rayons simples et de 8 à 11 branchus. Un appendice écailleux à la base de la ventrale.

Ce genre, dont le type bien connu dans les eaux françaises est le Gardon commun ou Gardon blanc, est souvent englobé avec les *Leuciscus* pris dans une acception plus large.

Il comprend d'assez nombreux représentants dans les eaux douces d'Europe et du nord de l'Asie et une espèce en Syrie et Asie-Mineure.

1. — **Rutilus tricolor** Lortet.

(Fig. 13).

Leuciscus tricolor Lortet, Arch. Mus. Lyon, III, p. 166, pl. XII, fig. 2 ; Tristram, Survey Western Palestine, 1884, p. 176 ; Pellegrin, Voy. zool. Henri Gadeau de Kerville en Syrie, IV, 1923, p. 25.

Rutilus tricolor Bela Hanko, Fische Klein-Asien, 1924, p. 139.

La hauteur du corps est contenue 2 fois 3/4 à 3 fois 1/5 dans la longueur sans la caudale, la longueur de la tête 3 fois 1/4 à 3 fois 2/3. Le diamètre de l'œil est compris 3 fois 2/3 à 4 fois 2/3 dans la longueur de la tête, 1 à 1 fois 1/2 dans la longueur du museau et dans l'espace interorbitaire. La bouche est oblique, assez large, mais n'atteint pas tout à fait le bord antérieur de l'œil ; les mâchoires sont égales. Les dents pharyngiennes sont au nombre de 5 - 5. Les écailles, à stries divergentes peu nombreuses, sont au nombre de 5 ou 6 entre la ligne latérale et la ventrale, de 20 autour du pédicule caudal. La dorsale débute environ à égale distance du centre de l'œil et de l'origine de la caudale ; ses plus longs rayons font des 3/5 aux 3/4 de la longueur de la tête ; son bord supérieur est légèrement convexe. L'anale, dont l'insertion égale environ celle de la dorsale, a ses rayons un peu moins longs. La pectorale, arrondie, fait les 2/3 de la longueur de la tête. La ventrale débute en avant de l'anale, son dernier rayon interne correspondant au 1er de la dorsale. Le pédicule caudal est 1 fois 1/2 à 2 fois aussi long que haut. La caudale est fourchue, à lobes pointus.

La coloration est brun rouge sur le dos, blanc argenté sur le ventre, avec une bande longitudinale bleu acier sur les côtés, d'où le nom spécifique de tricolore. La dorsale et la caudale sont grisâtres, les autres nageoires blanchâtres.

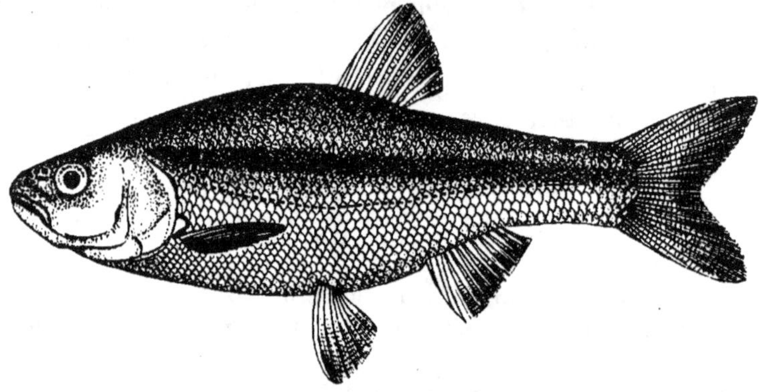

Fig. 13. — *Rutilus tricolor* Lortet.

D. III 7-8 ; A. III 9-10 ; P. I 12 ; V I 7 ; Sq. 11-12 | 54-58 | 10-11.
Longueur totale : 145 millimètres.

Cette jolie espèce, d'après Lortet, habite les lacs à l'est de Damas. Elle est souvent apportée sur le marché de cette ville, car elle est très répandue. Les plus grands individus vus par cet auteur atteignaient seulement 8 centimètres 1/2. M. Henri Gadeau de Kerville a récolté à Ataïbé (à l'est de Damas) des spécimens mesurant jusqu'à 145 millimètres de longueur.

En Asie-Mineure, Bela Hanko a signalé le Gardon tricolore dans l'Érégli.

VI. — LEUCISCUS Klein.

Leuciscus KLEIN, Gesellschaft Schauplatz, I, 1775, p. 172 ; part. CUVIER, Règne Animal, éd. I, 1817, p. 194 ; part. GÜNTHER, Cat. Fish., VII, 1868, p. 207 ; part. BOULENGER, Cat. Fr. Fish. Africa, II, 1911, p. 188 ; part. BERG, Faune Russie, Poiss., III, 1, 1912, p. 90.

Squalius C. BONAPARTE, Icon. Faun. Ital., III, 1838, fasc. 96 ; HECKEL, in Russegger's Reisen, I, 1843, p. 1040 ; É. MOREAU, Poiss. France, III, 1881, p. 419 ; ANTIPA, Fauna Icht. Român., 1909, p. 184.

Corps plus ou moins comprimé, recouvert d'écailles grandes ou moyennes. Bouche moyenne ou assez large, sans lèvres ni barbillons. Sous-orbitaires petits ; joues nues. Dents pharyngiennes sur 2 rangées (généralement 2, 5-5, 2), longues et crochues. Ligne latérale complète, plus rapprochée du ventre que du dos, mais médiane sur le pédicule caudal. Dorsale courte, sans rayon ossifié, composée de 2 ou 3 rayons simples et de 7 à 9 branchus, commençant au-dessus de l'insertion de la ventrale. Anale semblable et égale à la dorsale. Un appendice écailleux à la base de la ventrale.

Ce genre, dont le type est le Chevaine commun (*Leuciscus cephalus* Linné), est représenté par 4 espèces dans les eaux françaises. Plusieurs autres habitent les rivières d'Europe, du nord et de l'est de l'Asie. Certains auteurs, notamment HECKEL, emploient le terme de *Squalius*, mais celui de *Leuciscus* doit être préféré en raison des lois de priorité.

On reconnaîtra facilement les 3 espèces signalées en Asie-Mineure à l'aide du tableau suivant :

I. — Écailles. Ligne longitudinale : 40-43.
    Pectorale faisant les 2/3 de la longueur de la tête. .
    . . . . *L. orientalis*.
    Pectorale faisant la 1/2 de la longueur de la tête. .
    . . . . *L. berak*.

II. — Écailles. Ligne longitudinale : 33-35.
    Pectorale faisant les 2/3 de la longueur de la tête. .
    . . . . *L. smyrnæus*.

1. — **Leuciscus orientalis** Heckel.

(Fig. 14).

Squalius orientalis Heckel, in Russegger's Reisen, II, 1848, p. 225,
pl. XVI, fig. 2; Steindachner, Denks. Akad. Wiss. Wien, 64, 1897,
p. 694.

Leuciscus orientalis Günther, Cat. Fish., VII, 1868, p. 225; Bela Hanko,
Fische Klein-Asien, 1924, p. 139.

Leuciscus orientalis var. *pursakensis* Bela Hanko, op. cit., 1924, p. 140,
non pl. III, fig. 1.

La hauteur du corps est comprise 3 fois à 3 fois 2/3 dans
la longueur sans la caudale, la longueur de la tête 3 fois 3/4
à 4 fois 1/4. Le diamètre de l'œil est contenu 4 à 5 fois 1/2

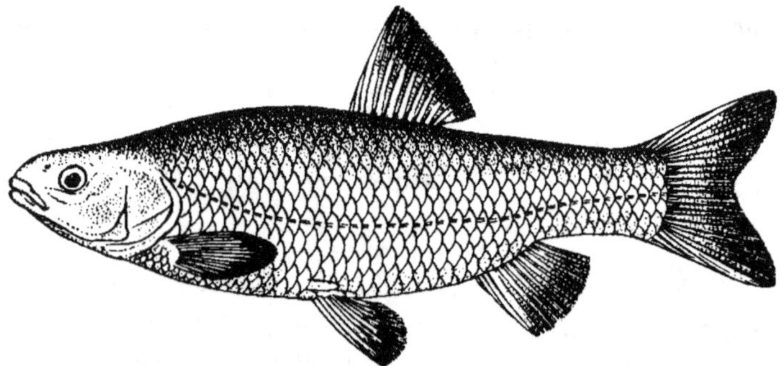

Fig. 14. — *Leuciscus orientalis* Heckel.

dans la longueur de la tête, 1 fois 1/4 à 1 fois 3/4 dans la
longueur du museau, 1 fois 2/3 à 2 fois dans l'espace interorbitaire. La bouche est oblique, assez large, mais n'atteignant pas tout à fait le bord antérieur de l'œil; les mâchoires
sont égales. Les dents pharyngiennes sont au nombre de 2,
5-5, 2, crochues, à bord denticulé (fig. 15). Les écailles,
à stries divergentes peu nombreuses, sont au nombre de
3 ou 3 1/2 entre la ligne latérale et la ventrale, de 14 autour
du pédicule caudal. La dorsale débute à égale distance du
bord antérieur de l'œil et de l'origine de la caudale; ses
plus longs rayons font les 2/3 environ de la longueur de la

tête ; son bord supérieur est légèrement convexe. L'anale n'atteint pas la caudale, ses rayons antérieurs, les plus longs, sont un peu plus courts que ceux de la dorsale. La pectorale, arrondie, fait les 2/3 environ de la longueur de la tête. La ventrale débute en avant de la dorsale, son rayon interne correspondant au premier de cette nageoire. Le pédicule caudal est 1 fois 1/3 à 1 fois 2/3 aussi long que haut. La caudale est assez faiblement fourchue, à lobes arrondis.

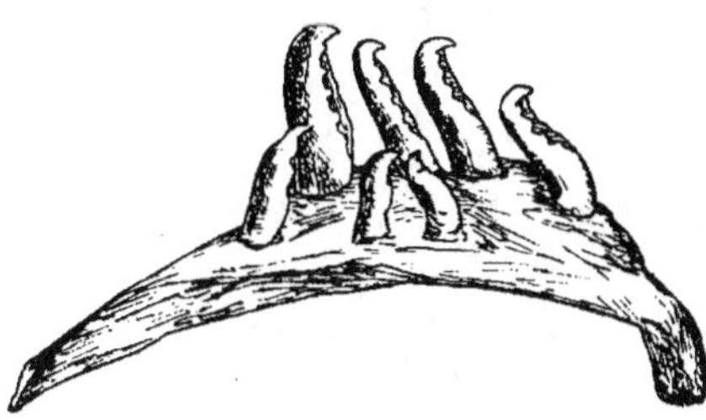

Fig. 15. — Pharyngien inférieur gauche de *Leuciscus orientalis* Heckel (grossi 4 fois).

La coloration est brunâtre sur le dos, dorée sur le ventre et les côtés, chaque écaille des parties supérieures et latérales étant plus foncée à la base ; les nageoires sont jaunes.

D. III 8-9 ; A. III 8-9 ; P. I 14-16 ; V. I 8 ; Sq. 6 $\frac{1}{2}$ - 7 $\frac{1}{2}$ | 40-43 | 5 $\frac{1}{2}$ - 6 $\frac{1}{2}$.

Longueur totale : **297** millimètres.

12 exemplaires. Longueur : 80 à 155 millimètres. Rivière Mélès.

10 exemplaires. Longueur : 40 à 185 millimètres. Rivière Tchibouk.

6 exemplaires. Longueur : 125 à 220 millimètres. Rivière de la région d'Angora.

L'espèce a été décrite d'Alep. En Asie-Mineure, STEINDACHNER signale des exemplaires du fleuve Sakaria atteignant 297 millimètres, et BELA HANKO un petit spécimen de 90 millimètres pris à Alpu-Koï.

Quant à la variété désignée par BELA HANKO sous le nom de *pursakensis*, et décrite d'après des spécimens de 100 à 160 millimètres de Kara-Chéhir, Kötschke-Kissik et Eski-Chéhir, je ne la crois pas séparable de la forme typique.

La seule différence réside dans un rayon branchu de plus,
9 au lieu de 8, à la dorsale et à l'anale. La figure donnée
par Bela Hanko (pl. III, fig. 1) représente un Cyprinidé à
petites écailles et ne se rapporte pas à un *Leuciscus*, mais
sans doute à un *Varicorhinus*.

2. — **Leuciscus berak** Heckel.

(Fig. 16).

Squalius berak Heckel, in Russegger's Reisen, I. 1843, p. 1078, pl. X,
fig. 1.

Leuciscus berak Günther, Cat. Fish., VII, 1868, p. 225 ; Boulenger,
Ann. Mag. Nat. Hist., 6, XVIII, 1896, p. 153.

La hauteur du corps est comprise 3 fois 1/2 dans la longueur
sans la caudale, la longueur de la tête 4 fois. Le diamètre de

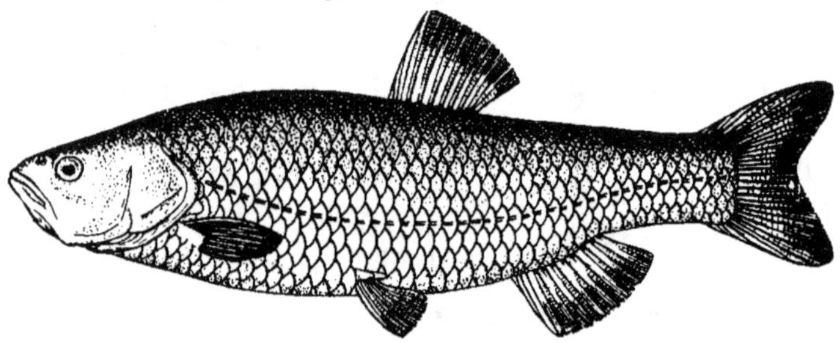

Fig. 16. — *Leuciscus berak* Heckel.

l'œil est contenu 4 fois 1/2 à 5 fois 1/2 dans la longueur de
la tête, 1 fois 1/2 dans celle du museau ; l'espace interorbitaire est large et aplati. La bouche est oblique, assez large,
mais n'atteint pas le bord antérieur de l'œil ; les mâchoires
sont égales. Il y a 3 écailles entre la ligne latérale et la
ventrale. La dorsale débute à égale distance du bord antérieur de l'œil et de l'origine de la caudale ; ses plus longs
rayons font à peine plus de la 1/2 de la longueur de la tête ;
son bord supérieur est légèrement convexe. L'anale, un peu
moins élevée, n'atteint pas la caudale. La pectorale, arrondie,

fait environ la 1/2 de la longueur de la tête. La ventrale débute en avant de la dorsale, son rayon interne correspondant au 1er de celle-ci. Le pédicule caudal est 1 fois 1/3 aussi long que haut. La caudale est légèrement fourchue, à lobes arrondis.

La coloration est uniformément brunâtre en dessus, chaque écaille étant plus foncée à la base ; le ventre est blanc argenté.

D. III 7 ; A. III 8 ; P. I 14-15 ; V. I 8 ; Sq. 7 $^1/_2$ | 42-43 | 5 $^1/_2$.

Longueur totale : 330 millimètres.

Ce Poisson, extrêmement voisin du précédent dont il ne constitue probablement qu'une simple variété, a été décrit également d'Alep. Il a été signalé par Boulenger en Asie-Mineure, aux environs de Smyrne.

3. — **Leuciscus smyrnæus** Boulenger.

Leuciscus smyrnæus Boulenger, Ann. Mag. Nat. Hist., 6, XVIII, 1896, p. 154.

La hauteur du corps est contenue 3 à 3 fois 1/2 dans la longueur sans la caudale, la longueur de la tête 3 fois 1/2 à 3 fois 2/3. Le diamètre de l'œil est compris 1 fois 1/2 dans la longueur du museau, 4 à 5 fois dans la longueur de la tête, l'espace interorbitaire 2 fois 1/2 à 2 fois 2/3. La bouche est oblique. Les dents pharyngiennes sont au nombre de 2, 5 - 5, 2. Il y a 2 écailles entre la ligne latérale et la base de la ventrale. La dorsale débute à égale distance du bout du museau et de l'extrémité de la caudale. La pectorale fait environ les 2/3 de la longueur de la tête. La ventrale commence un peu en avant de l'origine de la dorsale. La caudale est fourchue.

La coloration est olive foncé ou noirâtre en dessus, argentée en dessous ; les rayons des nageoires paires et de l'anale sont jaune clair.

D. II 7 ; A. III 7-8 ; Sq. 6 | 33-35 | 4.
Longueur totale : 160 millimètres.

Cette espèce n'est connue que par les types, qui proviennent des environs de Smyrne.

VII. — ACANTHORUTILUS Berg.

Acanthorutilus Berg, Faune Russie, Poissons, III, 1, 1912, p. 81 ; Bela
Hanko, Fische Klein-Asien, 1924, p. 140.

Corps plus ou moins comprimé, recouvert de petites
écailles. Bouche moyenne, terminale, sans barbillons. Sous-
orbitaires petits. Joues nues. Dents pharyngiennes en une
rangée, leucisciformes (6 ou 5-5 ou 4). Ligne latérale
complète, plus rapprochée du ventre que du dos, mais
médiane sur le pédicule caudal. Ventre non caréné, écailleux. Dorsale courte, médiane, composée de 3 rayons simples, ossifiés, et de 8 rayons branchus, et placée au-dessus
des ventrales. Anale courte avec 3 rayons simples et 8 branchus. Péritoine clair, tacheté de noir.

Ce genre ne comprend que 2 espèces : l'*Acanthorutilus
dsapchynensis* Warpachowski, de la rivière Dsapchyn, au
nord-ouest de la Mongolie, et l'*A. anatolicus* Bela Hanko,
d'Asie-Mineure.

1. — **Acanthorutilus anatolicus** Bela Hanko.

(Fig. 17).

Acanthorutilus anatolicus Bela Hanko, Fische Klein-Asien, 1924,
p. 141, pl. III, fig. 2.

L'aspect général rappelle le genre *Leuciscus.* La hauteur
du corps est contenue 3 fois 1/2 dans la longueur sans la
caudale, la longueur de la tête 3 fois 1/2 à 4 fois 1/2. Le
diamètre de l'œil est compris 4 fois 1/2 dans la longueur de
la tête, l'espace interorbitaire 3 fois. La bouche est oblique,

dirigée en haut, assez large. Les dents pharyngiennes sont
au nombre de 6-5 ou 5-5 ou 5-4. On compte 10 à 11 écailles
entre la ligne latérale et la ventrale. La dorsale débute plus
près du bout du museau que de l'origine de la caudale; son
premier rayon simple, minuscule, est déjà ossifié, le second
également, il fait la 1/2 du 3e qui n'est ossifié que sur
la 1/2 de sa longueur et mesure les 3/4 de la longueur de
la tête; le bord supérieur de la nageoire est légèrement
convexe. Le plus long rayon de l'anale fait la 1/2 de la
longueur de la tête. La pectorale, pointue, est loin d'atteindre la ventrale; celle-ci débute sous les premiers rayons
branchus de la dorsale. Le pédicule caudal est 1 fois 1/2
aussi long que haut. La caudale est fourchue, à lobes pointus.

La coloration du dos est brunâtre, celle des parties infé-
rieures blanc argenté, avec de fines ponctuations brunes. La
dorsale et la caudale sont marquées de petits points bruns.
Les autres nageoires sont blanches.

D. III 8; A. III 8; P. I 15-17; V. I 8; Sq. 25-26|92-96|10-13.
Longueur totale : 220 millimètres.

Cette curieuse espèce a été décrite d'après 21 spécimens
de l'Érégli, mesurant de 100 à 220 millimètres.

VIII. — CHONDROSTOMA Agassiz.

Chondrostoma AGASSIZ, Mém. Soc. Hist. Nat. Neuchâtel, I, 1835, p. 38;
GÜNTHER, Cat. Fish., VII, 1868, p. 272; É. MOREAU, Poiss. France,
III, 1881, p. 429; ANTIPA, Fauna Icht. Român., 1909, p. 190; BELA
HANKO, Fische Klein-Asien, 1924, p. 142.

Corps plus ou moins comprimé, recouvert d'écailles
moyennes. Bouche infère, sans barbillons, à fente transversale et arquée; lèvres dures et tranchantes, recouvertes d'un
étui corné. Sous-orbitaires petits. Joues nues. Dents pharyngiennes en 1 rangée (5 à 7 - 7 à 5), pointues, plates et à
couronne oblique. Ligne latérale complète, plus rapprochée
du ventre que du dos, mais médiane sur le pédicule caudal.

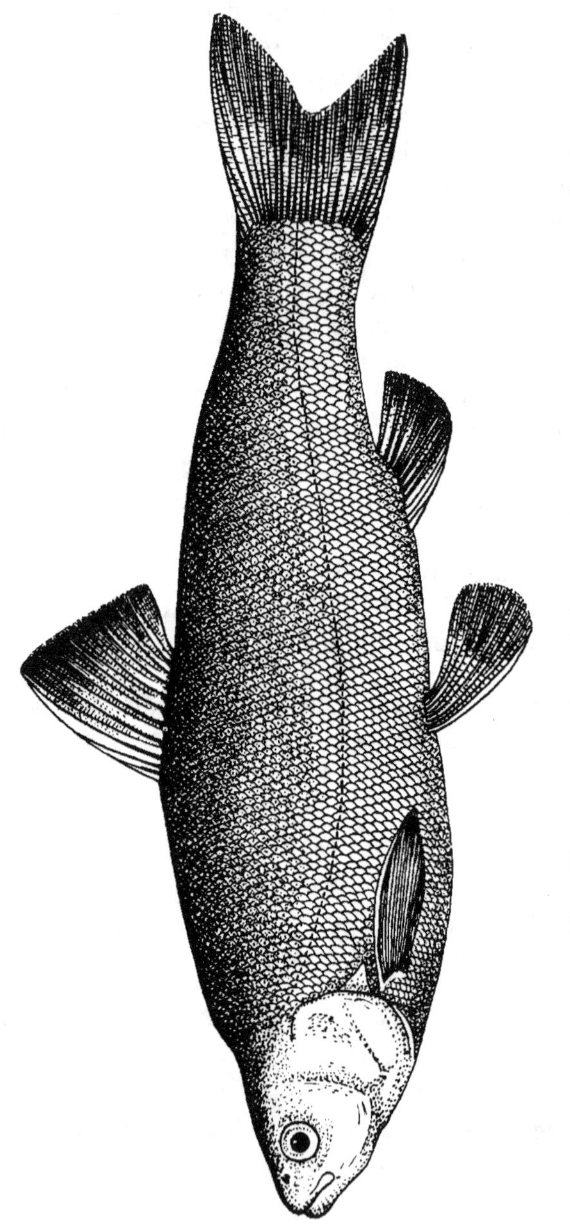

Fig. 17. — *Acanthorutilus anatolicus* Bela Hanko.

10

Dorsale courte, sans rayon ossifié, composée de **3** rayons simples et de 8 à 10 branchus, et placée au-dessus des ventrales. Anale analogue, formée de **3** rayons simples et de 8 à 12 branchus. Un appendice écailleux à la base de la ventrale. Péritoine noir.

Ce genre est représenté par plusieurs espèces habitant l'Europe, la région du Caucase, l'Asie-Mineure et la Syrie. Le type est le Nase ou Hotu qui, venu de l'est, a maintenant envahi une grande partie des eaux françaises.

Les deux espèces signalées en Asie-Mineure sont très voisines l'une de l'autre et se distinguent principalement par les dimensions un peu différentes des écailles :

I. — Écailles. Ligne longitudinale 55-62. L. transversale $\dfrac{8\text{-}9}{9}$ . . . . *C. nasus.*

II. — Écailles. Ligne longitudinale 64-68. L. transversale $\dfrac{10\text{-}13}{10\text{-}12}$ . . . . *C. regium.*

1. — **Chondrostoma nasus** Linné.

(Fig. 18).

Cyprinus nasus Linné, Syst. Nat., 1, 1758, p. 325.

Chondrostoma nasus Agassiz, Mém. Soc. Hist. Nat. Neuchâtel, I, 1835, p. 38; Nordmann, in Demidoff, Voy. Russ. Mérid., III, 1840, p. 493; Günther, Cat. Fish., VII, 1868, p. 272; É. Moreau, Poiss. France, 1881, III, p. 429; Steindachner, Denks. Akad. Wiss. Wien, 64, 1897, p. 693; Antipa, Fauna Icht. Român., 1909, p. 191, pl. XIV, fig. 75.

La hauteur du corps est comprise 4 fois 1/3 à 5 fois dans la longueur sans la caudale, la longueur de la tête 4 fois 3/4 à 5 fois 1/2. Le diamètre de l'œil est contenu 4 à 5 fois dans la longueur de la tête. Le museau est épais et déborde largement la bouche en avant. Celle-ci est transversale, rectiligne ou peu arquée, étendue presque d'un bord de la tête à l'autre; les lèvres sont épaisses. Les dents pharyngiennes

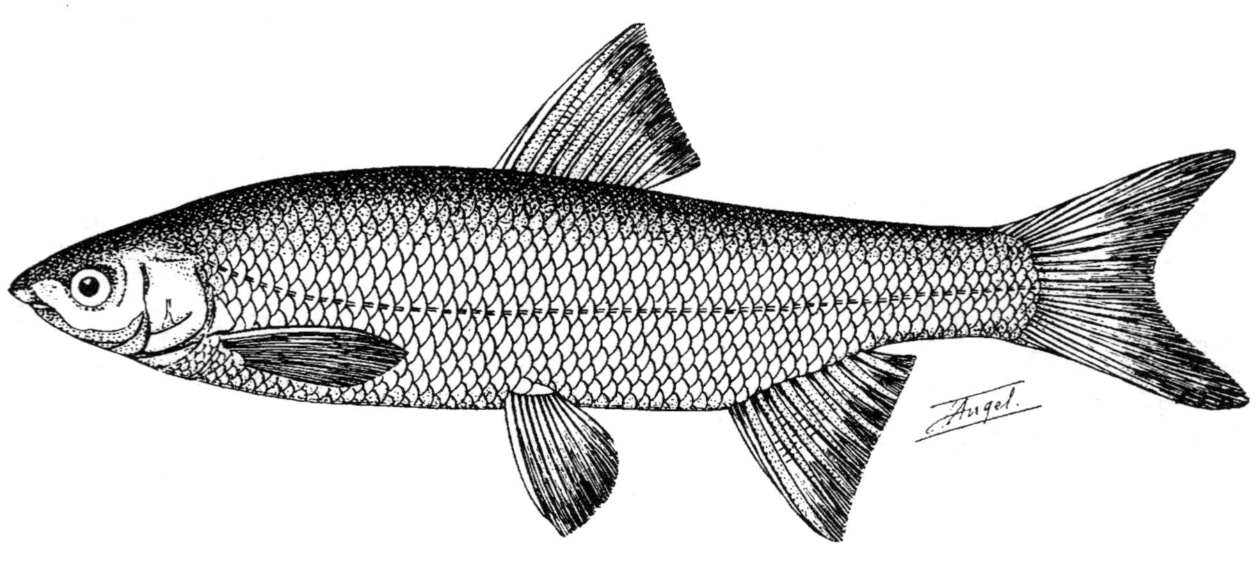

Fig. 18. — *Chondrostoma nasus* Linné.

sont au nombre de 6-6, parfois de 7-6 ou de 6-7 (fig. 19).
Il y a 5 ou 6 rangées d'écailles entre la ligne latérale et la
ventrale. La dorsale débute à égale distance environ entre le
bout du museau et l'origine de la caudale ; ses plus longs rayons
égalent environ la longueur de la tête ; son bord supérieur
est droit. L'anale a ses rayons antérieurs presque aussi longs
que ceux de la dorsale. La pectorale, arrondie, un peu plus
courte que la tête, est loin d'atteindre la ventrale ; celle-ci
débute à peine en arrière de l'origine de la dorsale. Le pédi-

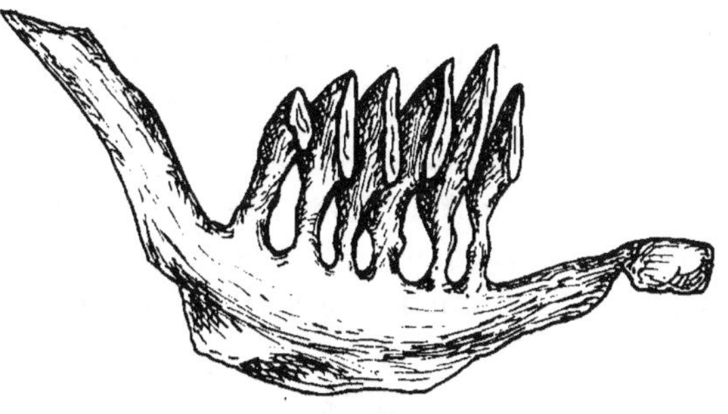

Fig. 19. — Pharyngien inférieur gauche de
Chondrostoma nasus Linné (grossi 4 fois).

cule caudal est 1 fois 1/2 environ aussi long que haut. La
caudale est fourchue, à lobes pointus.

La coloration est gris brun sur le dos avec des reflets dorés
ou bleuâtres, grisâtre sur les côtés, blanchâtre ou jaunâtre
sur le ventre.

D. III 8-9 ; A. III 9-11 ; P. I 14-16 ; V. I 7-9 ; Sq. 8-9 |
55-62 | 9.

Longueur totale : 500 millimètres.

Le Nase ou Hotu a été signalé du fleuve Sakaria et de la rivière
Pursak en Asie-Mineure par STEINDACHNER. C'est une espèce
de l'Europe centrale et orientale, au nord des Alpes. Au
cours du xixe siècle elle est passée, en France, du bassin du
Rhin dans ceux de la Seine, de la Loire et du Rhône.

Quoique sa chair soit comestible, elle est inférieure à celle de la presque totalité des Cyprinidés de nos cours d'eau.

2. — **Chondrostoma regium** Heckel.

(Fig. 20).

Chondrochilus regius HECKEL, in Russegger's Reisen, I, 1843, p. 1077, pl. IX, fig. 3.

Chondrostoma regia HECKEL, op. cit., II, 1846, p. 278 et 289.

Chondrostoma regium GÜNTHER, Cat. Fish., VII, 1868, p. 273; SAUVAGE, Nouv. Arch. Mus., 2, VII, 1884, p. 37; MATHIAS, Mém. Soc. Zool. France, XXVIII, 1921, p. 16; PELLEGRIN, Voy. zool. Henri Gadeau de Kerville en Syrie, IV, 1923, p. 30; BELA HANKO, Fische Klein-Asien, 1924, p. 143.

La hauteur du corps est contenue 4 à 4 fois 3/4 dans la longueur sans la caudale, la longueur de la tête 4 fois 1/2 à 4 fois 4/5. Le diamètre de l'œil est compris 4 à 5 fois

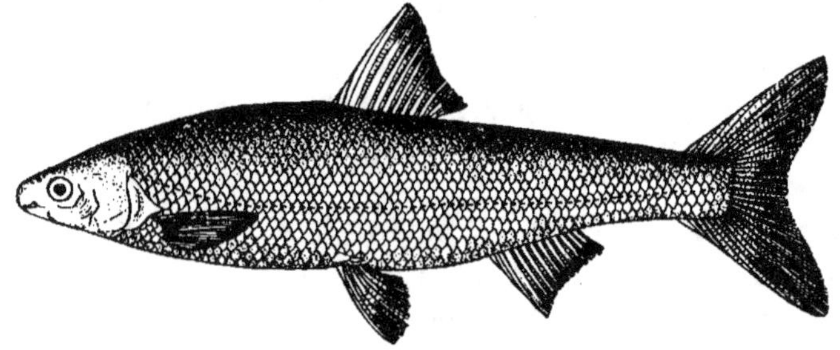

Fig. 20. — *Chondrostoma regium* Heckel.

dans la longueur de la tête, 1 fois 1/4 à 1 fois 1/3 dans la longueur du museau, 1 fois 1/3 à 1 fois 1/2 dans l'espace interorbitaire. Le museau est épais, arrondi, et déborde largement la bouche. Celle-ci est transversale, peu arquée, et s'étend presque d'un bord de la tête à l'autre. Les lèvres sont épaisses. Les dents pharyngiennes sont au nombre de 7-7, parfois de 7-6, 6-7 ou 6-6. On compte 5 rangées d'écailles entre la ligne latérale et la ventrale,

20 à 22 autour du pédicule caudal. La dorsale débute à égale distance du bout du museau et de l'origine de la caudale ou un peu plus près de cette dernière ; ses plus longs rayons font des 3/4 aux 5/6 de la longueur de la tête ; son bord supérieur est droit. L'anale a ses rayons antérieurs presque aussi longs que ceux de la dorsale. La pectorale, arrondie, fait des 2/3 aux 4/5 de la longueur de la tête et est loin d'atteindre la ventrale ; celle-ci débute sous l'origine de la dorsale ou même un peu en avant. Le pédicule caudal est 1 fois 3/5 à 2 fois aussi long que haut. La caudale est fourchue, à lobes pointus.

La coloration est brun olivâtre sur le dos avec des reflets bleuâtres, blanc argenté sur les côtés et le ventre. La dorsale et la caudale sont grisâtres, les autres nageoires claires.

D. III 9 ; A. III 10-11 ; P. I 15-16 ; V. I 8 ; Sq. 10-13 | 64-68 | 10-12.

Longueur totale : 250 millimètres.

Ce Chondrostome a été décrit par HECKEL sur des individus de l'Oronte et du Tigre. D'après SAUVAGE, l'espèce se rencontre aussi à Tiflis. En Syrie, elle a été signalée dans le lac de Homs par Th. BARROIS, et M. Henri GADEAU DE KERVILLE y a recueilli de nombreux exemplaires. BELA HANKO mentionne des spécimens d'Eski-Chéhir et de Kara-Chéhir, en Asie-Mineure.

IX. — RHODEUS Agassiz.

Rhodeus AGASSIZ, Mém. Soc. Sc. Nat. Neuchâtel, I, 1835, p. 37 ; GÜNTHER, Cat. Fish., VII, 1868, p. 279 ; É. MOREAU, Poiss. France, III, 1881, p. 389 ; ANTIPA, Fauna Icht. Român., 1909, p. 135.

Corps ovalaire, élevé, fortement comprimé, recouvert de grandes écailles. Bouche petite, terminale, à lèvres simples, sans barbillons. Sous-orbitaires ne recouvrant pas toute la joue. Joues nues. Dents pharyngiennes comprimées en une seule rangée (5-5). Ligne latérale incomplète, s'étendant au plus sur 5 à 7 écailles. Pas de carène au ventre en avant ou en arrière des ventrales. Dorsale moyenne, formée de 3 rayons simples, non ossifiés, et de 9 ou 10 branchus, débutant en arrière des ventrales. Anale moyenne avec 3 rayons simples et 8 à 10 branchus. Pas d'appendice écailleux développé à la base de la ventrale. Dimorphisme sexuel accentué. Mâle avec des tubercules sur le museau au moment du frai. Femelle avec un long tube de ponte.

Le genre *Rhodeus* est représenté dans l'Europe centrale et orientale et en Chine. Il ne semble pas encore avoir été signalé en Asie-Mineure avant les récoltes de M. Henri GADEAU DE KERVILLE.

1. — **Rhodeus amarus** Bloch.

(Pl. I, fig. 2).

Cyprinus amarus BLOCH, Fische Deutschl., 1782, p. 52, pl. III, fig. 8;
    CUVIER et VALENCIENNES, Hist. Poiss., XVII, 1844, p. 79.

Rhodeus amarus AGASSIZ, Mém. Soc. Sc. Nat. Neuchâtel, 1, 1835, p. 37;
    NORDMANN, in Demidoff, Voy. Russ. Mérid., III, 1840, p. 481;
    HECKEL et KNER, Süsswasserf., 1858, p. 100, fig. 52 et 53; GÜNTHER,
    Cat. Fish., VII, 1868, p. 279; É. MOREAU, Poiss. France, III, 1881,
    p. 389; ANTIPA, Fauna Icht. Român., 1909, p. 136, pl. X, fig. 52.

La hauteur du corps est contenue 2 fois 1/3 à 2 fois 4/5 dans la longueur sans la caudale, la longueur de la tête 3 fois 3/4 à 4 fois 1/4. L'œil, un peu supérieur à la longueur du museau, est compris 3 à 3 fois 3/4 dans la longueur de la tête, 1 à 1 fois 1/2 dans l'espace interorbitaire. La bouche est peu fendue, légèrement protractile, et placée au niveau du bord inférieur de l'œil. La mâchoire supérieure dépasse un peu l'inférieure. Les lèvres sont assez médiocrement développées. Les dents pharyngiennes sont taillées en biseau, pointues à l'extrémité. Les écailles, à stries nombreuses, divergentes, sont au nombre de 34 à 38 en ligne longitudinale, de 12 à 14 en ligne transversale, de 16 autour du pédicule caudal. La dorsale débute à égale distance du bout du museau ou du bord antérieur de l'œil et de l'origine de la caudale; ses plus longs rayons font des 4/5 à 1 fois la longueur de la tête; son bord supérieur est droit. L'anale, à rayons antérieurs un peu plus courts que ceux de la dorsale, débute environ sous le milieu de cette nageoire. La pectorale, arrondie, fait les 2/3 environ de la longueur de la tête et n'atteint pas la ventrale. Celle-ci débute nettement plus près du bout du museau que de l'origine de la caudale et atteint l'anale ou presque. Le pédicule caudal est 1 fois 1/2 à 1 fois 2/3 aussi long que haut. La caudale est fourchue, à lobes subacuminés.

La coloration générale est brunâtre ou gris verdâtre sur le dos, blanc argenté sur les côtés et le ventre, avec une ligne longitudinale bleuâtre sur le pédicule caudal. Chez le mâle en période de frai, le corps est rosé, teinté de bleu clair sur les côtés, rose sur le ventre; les nageoires sont orangé ou couleur chair. Chez la femelle, la coloration demeure plus terne. Le tube de ponte est rouge brun.

D. III 9 - 10; A. III 8 - 10; P. I 12; V. I 6 - 7; Sq. L. long. 34-38.

Longueur totale : 100 millimètres.

7 exemplaires. Longueur : 27 à 44 millimètres. Rivière Kémer.

La Bouvière est un Poisson sans valeur comestible à cause de sa petite taille et de sa saveur souvent amère. Elle est répandue dans l'Europe centrale et orientale. En France on la rencontre surtout dans le nord et l'est et dans le bassin de la Seine.

Ses mœurs sont des plus curieuses. La ponte a lieu au printemps. Les œufs sont relativement volumineux, d'un diamètre de 2 à 3 millimètres. La femelle, au moyen de son long tube de ponte, les dépose sur les branchies de Mollusques d'eau douce des genres *Unio* ou *Anodonta*, profitant du moment où les valves de la coquille sont entr'ouvertes. Le mâle, qui se tient dans le voisinage, rejette sa laitance, et la fécondation a lieu par suite de l'aspiration d'eau par le Mollusque. C'est dans cet hôte occasionnel que les œufs poursuivent leur incubation ; l'éclosion s'y produit, et les alevins sont rejetés au dehors par le courant d'eau de sortie.

Parmi les spécimens récoltés par M. Henri GADEAU DE KERVILLE en mai 1912, dans les environs de Smyrne, se trouvent plusieurs femelles à tube de ponte plus ou moins développé. Chez les individus d'Asie-Mineure, le nombre des rangées d'écailles en ligne transversale paraît un peu plus élevé que chez ceux de l'Europe centrale.

X. — ASPIUS Agassiz.

Aspius AGASSIZ, Mém. Soc. Sc. Nat. Neuchàtel, I, 1835, p. 38; GÜNTHER, Cat. Fish., VII, 1868, p. 310; ANTIPA, Fauna Icht. Romàn., 1909, p. 167; BELA HANKO, Fische Klein-Asien, 1924, p. 142.

Corps plus ou moins comprimé, un peu allongé, recouvert d'écailles assez petites. Bouche grande, terminale, à lèvres simples, sans barbillons. Sous-orbitaires petits. Joues nues. Dents pharyngiennes en 2 rangées (généralement 3, 5-5, 3), pointues, crochues. Ligne latérale complète, plus rapprochée du ventre que du dos, mais médiane sur le pédicule caudal. Ventre arrondi en avant et en arrière des ventrales. Dorsale courte, sans rayon ossifié, composée de 3 rayons simples et de 8 à 10 branchus, et débutant en arrière des ventrales. Anale assez longue, formée de 3 rayons simples et de 12 à 15 branchus. Un appendice écailleux à la base de la ventrale.

Le genre *Aspius*, qui ne comprend qu'un petit nombre d'espèces, se rencontre en Europe depuis le Rhin jusqu'à l'Oural et au Caucase, et dans l'ouest de l'Asie, notamment au Turkestan. Une seule espèce a été signalée en Asie-Mineure.

1. — **Aspius rapax** Pallas.

(Fig. 21).

Cyprinus aspius LINNÉ, Syst. Nat., X, 1758, p. 325.

Cyprinus rapax PALLAS, Zoographia rosso-asiatica, III, 1811, p. 316.

Aspius rapax AGASSIZ, Mém. Soc. Sc. Nat. Neuchâtel, I, 1835, p. 30;
  GÜNTHER, Cat. Fish., VII, 1868, p. 310; ANTIPA, Fauna Icht. Român.,
  1909, p. 167, pl. XIII, fig. 66.

Leuciscus aspius CUVIER et VALENCIENNES, Hist. Poiss., XVII, 1844, p. 265.

Aspius aspius BERG, Faune Russie, Poiss., III, 1, 1912, p. 305; BELA
  HANKO, Fische Klein-Asien, 1924, p. 142.

La hauteur du corps est contenue 3 fois 4/5 à 4 fois 1/2 dans la longueur sans la caudale, la longueur de la tête 3 fois 1/2 à 3 fois 4/5. Le diamètre de l'œil est compris 4 à 5 fois dans la longueur de la tête, 1 à 1 fois 1/2 dans la longueur du museau, 1 fois 1/4 à 1 fois 1/2 dans l'espace interorbitaire. Le profil supérieur est droit, le museau est conique. La bouche s'étend environ jusqu'au-dessous du centre de l'œil. La mandibule est un peu proéminente. La lèvre inférieure est très largement interrompue en dessous, à la partie médiane. Les dents pharyngiennes sont au nombre de 3, 5-5, 3. On compte 5 ou 6 écailles entre la ligne latérale et la ventrale, 20 à 22 autour du pédicule caudal. La dorsale débute à égale distance du bord antérieur ou du centre de l'œil et de la fin du pédicule caudal; ses plus longs rayons font les 3/4 de la longueur de la tête; son bord supérieur est droit. L'anale commence en arrière du dernier rayon de la dorsale; ses rayons antérieurs, les plus longs, sont à peine plus courts que ceux de la dorsale. La pectorale, pointue, fait les 2/3 environ de la longueur de la tête et n'arrive pas à la ventrale. Celle-ci débute nettement en avant de l'origine de la dorsale et n'atteint pas l'anale. Le pédicule caudal est 1 fois 2/3 à 2 fois aussi long que haut. La caudale est fourchue, à lobes pointus.

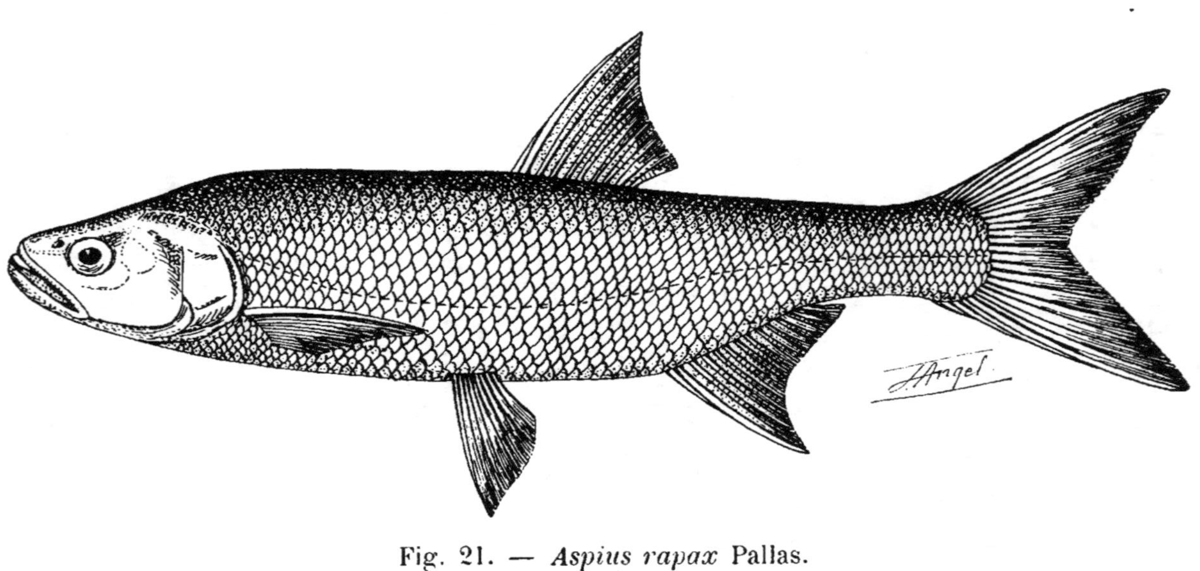

Fig. 21. — *Aspius rapax* Pallas.

La coloration est brunâtre avec des reflets bleuâtres sur le dos, blanc argenté sur les côtés et le ventre. Les nageoires sont uniformément grisâtres ou jaunâtres.

D. III 7-8; A. III 12-15; P. I 14-15; V. I 8; Sq. 11-12 | 67-71 | 9-11.

Longueur totale : 900 millimètres.

6 exemplaires. Longueur : 112 à 174 millimètres. Rivière des environs d'Angora.

L'Aspe est un grand et beau Poisson « à chair blanche, de bon goût, mais grasse et difficile à digérer », suivant CUVIER et VALENCIENNES. Il est très vorace; on le trouve en abondance dans nombre de rivières et de lacs de l'Europe centrale et orientale.

En Asie-Mineure, il a été signalé pour la première fois seulement en 1924 par BELA HANKO, d'après deux exemplaires de Kötschke-Kissik et d'Eski-Chéhir. M. Henri GADEAU DE KERVILLE avait déjà recueilli en 1912, aux environs d'Angora, une série de jeunes exemplaires.

XI. — ALBURNUS Heckel.

Alburnus part. HECKEL, in Russegger's Reisen, I, 1858, p. 1036; part. É. MOREAU, Poiss. France, III. 1881, p. 403; part. ANTIPA, Fauna Icht. Romàn., 1909, p. 158.

Corps comprimé, assez élancé, recouvert d'écailles moyennes. Bouche moyenne, à lèvres simples, sans barbillons, dirigée en haut. Mâchoire inférieure oblique, proéminente. Sous-orbitaires petits. Joues nues. Dents pharyngiennes en 2 rangées, crochues (généralement 2, 5 - 5, 2). Ligne latérale complète, plus rapprochée du ventre que du dos, mais médiane sur le pédicule caudal. Ventre arrondi en avant des ventrales, tranchant en arrière de celles-ci. Dorsale courte, sans rayon ossifié, composée de 3 rayons simples et de 7 ou 8 branchus, située en arrière des ventrales. Anale longue, formée de 3 rayons simples et de 16 à 20 branchus. Un appendice écailleux à la base de la ventrale.

Le genre *Alburnus* est représenté en France par l'Ablette commune (*Alburnus lucidus* Heckel) dont les écailles, d'une blancheur éclatante, servent à la fabrication de l'essence d'Orient qu'on emploie dans l'industrie des perles fausses. On compte un assez grand nombre d'espèces dans les eaux européennes et de l'est de l'Asie. Une seule a été signalée jusqu'ici en Asie-Mineure.

1. — **Alburnus Escherichi** Steindachner.

(Pl. I, fig. 3).

Alburnus Escherichii Steindachner, Denks. Akad. Wiss. Wien, 64, 1897, p. 692, pl. IV, fig. 3.

La hauteur du corps est contenue 3 à 4 fois dans la longueur sans la caudale, la longueur de la tête 3 fois 1/2 à 4 fois 1/2. Le profil supérieur du dos est tantôt horizontal, tantôt fortement bombé. Le diamètre de l'œil est compris 3 à 3 fois 3/4 dans la longueur de la tête, 1 fois ou un peu moins d'une fois dans la longueur du museau, 1 fois ou un peu plus d'une fois dans l'espace interorbitaire.

Fig. 22. — Pharyngien inférieur gauche d'*Alburnus Escherichi* Steindachner (grossi 6 fois).

La bouche, oblique, dirigée vers le haut, atteint en arrière le bord antérieur de l'œil ou presque. La mandibule est nettement proéminente. Les dents pharyngiennes sont au nombre de 2, 5 - 5, 2 ; elles sont crochues à l'extrémité, denticulées sur leur bord interne (fig. 22). On compte 3 ou 4 écailles entre la ligne latérale et la ventrale, 16 autour du pédicule caudal. La dorsale débute à égale distance du centre ou du bord postérieur de l'œil et de la caudale; ses plus longs rayons font les 2/3 environ de la longueur de la tête; son bord supérieur est droit. L'anale commence sous le dernier rayon de la dorsale; ses rayons antérieurs sont un peu plus courts que ceux de la dorsale; son bord inférieur est droit. La pectorale, pointue ou subacuminée, fait des 4/5 aux 5/6 de la longueur de la tête et n'atteint pas la ventrale; celle-ci s'insère entièrement en avant de la dorsale et n'arrive pas à l'anus. Le pédicule caudal est 1 fois 1/3 à 1 fois 3/4 aussi long que haut. La caudale est bien fourchue, à lobes pointus.

La coloration du dos est olivâtre, limitée en dessous par une bande longitudinale bleu acier plus ou moins marquée; les flancs et le ventre sont blanc argenté; la dorsale et la caudale sont grisâtres, les autres nageoires jaunâtres.

D. III 8; A. III 12-14; P. I 16; V. I 8-9; Sq. 9 $^{1}/_{2}$ - 10 $^{1}/_{2}$ | 46-50 | 5 $^{1}/_{2}$ - 6 $^{1}/_{2}$.

Longueur totale : 170 millimètres.

1 exemplaire. Longueur : 92 millimètres. Rivière Mélès.

1 exemplaire. Longueur : 110 millimètres. Rivière Kémer.

61 exemplaires. Longueur : 38 à 170 millimètres. Dans l'eau courante reliant le Mohan-Gheul à l'Émir-Gheul.

179 exemplaires. Longueur : 92 à 168 millimètres. Mohan-Gheul.

78 exemplaires. Longueur : 102 à 170 millimètres. Émir-Gheul.

12 exemplaires. Longueur : 120 à 170 millimètres. Rivière des environs d'Angora.

L'Ablette dédiée par STEINDACHNER au Dr ESCHERICH est une jolie espèce spéciale à l'Asie-Mineure.

Les plus grands spécimens vus par le savant naturaliste viennois mesuraient 136 millimètres et provenaient de la rivière Pursak, aux environs d'Eski-Chéhir; d'autres exemplaires, d'une dizaine de centimètres, avaient été récoltés dans les Tabakane-Su et Tschibuk-Tschaï.

M. Henri GADEAU DE KERVILLE a recueilli une magnifique
série d'individus de cette intéressante espèce, quelques-uns
atteignant la taille remarquable de 170 millimètres.

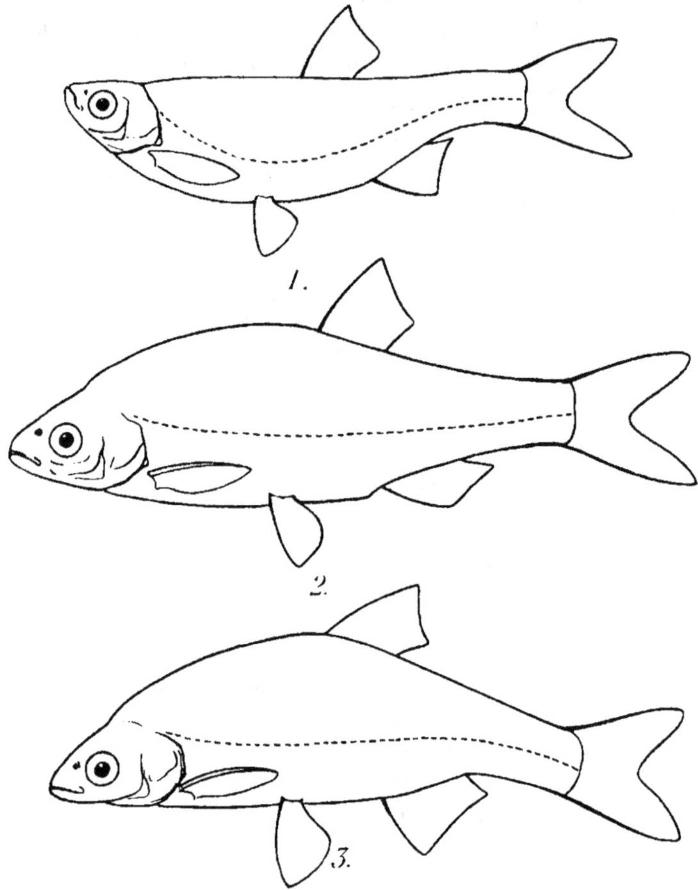

Fig. 23. — *Alburnus Escherichi* Steindachner.

1. Individu à profil supérieur droit.
2. Individu à profil supérieur et à profil inférieur arrondis.
3. Individu à profil supérieur arrondi.

Ce qui frappe le plus dans ces exemplaires, c'est la variation
du profil, surtout supérieur, qui est tantôt droit, absolument

horizontal, comme il est de règle générale chez les Ablettes de nos cours d'eau, tantôt, au contraire, très bombé et arrondi, ce qui produit une physionomie toute différente, bien que les formules des nageoires et de l'écaillure soient identiques. Quelquefois même, c'est la ligne du ventre qui est droite, le dos étant excessivement arqué (fig. 23).

On a observé des faits analogues chez quelques espèces de Salmonidés du genre *Coregonus*.

D'après STEINDACHNER, l'Ablette d'Escherich pourrait se croiser avec le *Leuciscus orientalis* Heckel.

XII. — ALBURNOIDES Jeitteles.

Alburnoides JEITTELES, Verh. Zool.-Bot. Gesellsch. Wien, XI, 1861, p. 325; BELA HANKO, Fische Klein-Asien, 1924, p. 143.

Alburnus part. HECKEL et KNER, Süsswasserf. OEsterr. Monarch., 1858, p. 135; part. É. MOREAU, Poiss. France, III, 1881, p. 403; part. ANTIPA, Fauna Icht. Romàn., 1909, p. 158.

Spirlinus FATIO, Faune Vertébrés Suisse, IV, 1882, p. 389.

Corps comprimé, plus ou moins ovalaire, recouvert d'écailles moyennes. Bouche moyenne, à lèvres simples, sans barbillons, terminale. Mâchoires à peu près égales. Sous-orbitaires petits. Joues nues. Dents pharyngiennes en 2 rangées, crochues (généralement 2, 5 - 5, 2). Ligne latérale complète plus rapprochée du ventre que du dos, mais médiane sur le pédicule caudal. Ventre arrondi en avant des ventrales, tranchant en arrière de celles-ci. Dorsale courte, sans rayon ossifié, composée de 3 rayons simples et de 7 ou 8 branchus, située en arrière des ventrales. Anale longue, formée de 3 rayons simples et de 14 à 17 branchus. Un appendice écailleux à la base de la ventrale.

Le genre *Alburnoides* est fort voisin du genre *Alburnus*. Beaucoup d'auteurs le considèrent comme un simple sous-genre, et cette opinion est parfaitement soutenable. Le type en est le Spirlin, qu'on trouve dans les cours d'eau de l'est et du nord de la France ; il est commun dans le centre et l'est de l'Europe et pénètre jusqu'en Asie-Mineure.

1. — **Alburnoides bipunctatus** Bloch
var. **smyrnæa**, var. nov.

(Pl. I, fig. 5).

Cyprinus bipunctatus BLOCH, Fische Deutschl., I, 1782, p. 50, pl. VIII,
fig. 1.

Aspius bipunctatus AGASSIZ, Mém. Soc. Sc. Nat. Neuchâtel, I, 1835,
p. 38.

Aspius fasciatus NORDMANN, in Demidoff, Voy. Russ. Mérid., III, 1840,
p. 497, pl. XXIII, fig. 2.

Leuciscus bipunctatus CUVIER et VALENCIENNES, Hist. Poiss., XVII, 1844,
p. 259.

Leuciscus Baldneri CUVIER et VALENCIENNES, op. cit., XVII, 1844, p. 262,
pl. 497.

Alburnus bipunctatus HECKEL et KNER, Süsswasserf. OEsterr. Monarch.,
1858, p. 135, fig. 70 ; ANTIPA, Fauna Icht. Romàn., 1909, p. 163 ,
pl. XIII, fig. 65; PAPPENHEIM, in Brauer, Süsswasserfauna
Deutschlands, I, 1909, p. 147.

Alburnoides maculatus JEITTELES, Verhandl. Zool.-Bot. Gesellsch. Wien,
XI, 1861, p. 325.

Abramis bipunctatus GÜNTHER, Cat. Fish., VII, 1868, p. 307.

Abramis fasciatus GÜNTHER, Cat. Fish., VII, 1868, p. 308.

Spirlinus bipunctatus FATIO, Faune Vertébrés Suisse, IV, 1882, p. 392.

Alburnoides bipunctatus STEINDACHNER, Denks. Akad. Wiss. Wien, 64,
1897, p. 691, pl. III, fig. 3 ; BELA HANKO, Fische Klein Asien,
1924, p. 144.

Alburnoides bipunctatus var. *smyrnœa* PELLEGRIN, Bull. Soc. Zool.
France, 1927, p. 37.

La hauteur du corps est contenue 2 fois 4/5 à 3 fois 1/6
dans la longueur sans la caudale ; la longueur de la tête
3 fois 2/3 à 3 fois 3/4. Le diamètre de l'œil, un peu supérieur
à la longueur du museau, est contenu 2 fois 2/3 à 3 fois 1/4
dans la longueur de la tête et 1 fois environ dans
l'espace interorbitaire. Le museau est légèrement arrondi.
La bouche est oblique et arrive en arrière jusqu'au bord
antérieur de l'œil. Les dents pharyngiennes, petites,

crochues, sont au nombre de 2,5 - 4,2 (fig. 24). On compte
3 ou 4 écailles entre la ligne latérale et la ventrale, 16
à 18 autour du pédicule caudal. La dorsale débute à peine
plus près de l'origine de la caudale que du bout
du museau ; ses plus longs rayons font des 4/5 aux 5/6 de la longueur de la tête ; son bord supérieur est convexe. L'anale commence sous les derniers rayons de la dorsale ; ses rayons antérieurs, les plus longs, sont un peu plus courts que ceux

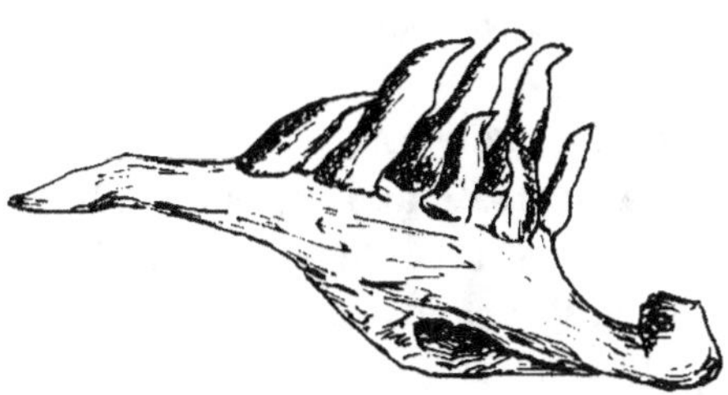

Fig. 24. — Pharyngien inférieur gauche d'*Alburnoides bipunctatus* Bloch var. *smyrnæa* Pellegrin (grossi 15 fois).

de la dorsale ; son bord inférieur est droit. La pectorale, pointue, égale les plus longs rayons de la dorsale et atteint la ventrale ou presque ; celle-ci s'insère complètement en avant de la dorsale et arrive à l'anus. Le pédicule caudal est 1 fois 1/4 à 1 fois 1/2 aussi long que haut. La caudale est bien fourchue, à lobes pointus.

La coloration est olivâtre sur le dos avec des reflets bleuâtres, argentée sur les côtés et le ventre. Parfois les écailles des côtés sont marquées d'une petite tache noire. Les écailles de la ligne latérale sont généralement encadrées de deux files de petits points noirs. Les nageoires sont grisâtres ou jaunâtres.

D. III 8 - 9 ; A. III 13 - 15 ; P. I 13 ; V. I 7 ; Sq. 10 $\frac{1}{2}$ - 11 $\frac{1}{2}$ | 41 - 46 | 5 $\frac{1}{2}$ - 6 $\frac{1}{2}$.

Longueur totale : 76 millimètres.

16 exemplaires. Longueur : 52 à 76 millimètres. Rivière Mélès.

Le Spirlin (*Alburnoides bipunctatus* Bloch) a un habitat des plus vastes, puisqu'il s'étend de la France à l'est de l'Asie.

Chez les spécimens de l'Europe centrale, le corps est généralement plus allongé, les écailles semblent plus nombreuses en ligne longitudinale. HECKEL, KNER, von SIEBOLD indiquent pour l'écaillure : L. long. 49 - 51, 47 - 50; PAPPENHEIM, 47 - 51 (9 écailles en ligne transversale au-dessus de la ligne latérale).

Les chiffres de GÜNTHER sont les suivants : L. long. 44 - 50 (9 ou 10 écailles en ligne transversale au-dessus de la ligne latérale). La hauteur du corps est contenue 3 fois 1/3 à 3 fois 2/3 dans la longueur sans la caudale.

ANTIPA donne : L. long. 45 - 50.

Dans la forme décrite primitivement sous le nom d'*Aspius fasciatus* Nordmann, des rivières des contrées à l'est de la mer Noire, le corps s'élève davantage, sa hauteur faisant un peu moins du tiers de la longueur sans la caudale. Les écailles sont seulement au nombre de 40 - 45 en ligne longitudinale, 9 au-dessus de la ligne latérale.

C'est peut-être à ce type qu'il faut rapporter les spécimens d'Asie-Mineure décrits et figurés par STEINDACHNER et provenant du Tabakane-Su et du Tschibuk-Tschaï aux environs d'Angora. La hauteur est contenue 3 fois 1/3 dans la longueur sans la caudale, la longueur de la tête 4 fois. Les écailles, en ligne longitudinale, sont au nombre de 41 - 44 ($+$ 2 sur la caudale), en ligne transversale de 8 - 8 1/2 au-dessus de la ligne latérale.

M. BELA HANKO, qui a eu entre les mains 14 exemplaires de 80 à 100 millimètres de longueur provenant d'Eski-Chéhir, fait déjà remarquer que le corps, chez ces spécimens d'Asie-Mineure, semble plus haut et plus comprimé latéralement que chez ceux de l'Europe centrale. L'aspect rappelle celui de la Brème et la tête paraît proportionnellement plus petite.

Les formules de ces individus sont les suivantes :

D. III 8; A. III 14 (13 - 12); P. I 13 - 14; V. II 7. L. lat. 44 - 49. L. tr. $\frac{8 - 9}{4 \text{ à la V.}}$. Dents pharyng. 2, 5 - 5 ou 4, 2.

La description donnée ci-dessus est basée exclusivement
sur les spécimens recueillis dans le Mélès, aux environs
de Smyrne, par M. Henri GADEAU DE KERVILLE. Ils
présentent, d'une manière plus accusée, quelques-uns des
caractères déjà signalés par STEINDACHNER et M. BELA HANKO.
En effet, on retrouve chez eux à la fois une augmentation
du corps en hauteur et une réduction corrélative du nombre
des écailles en ligne longitudinale (L. long. 41 - 46), mais, de
plus, une augmentation du nombre des écailles en ligne
transversale au-dessus de la ligne latérale (10 1/2 - 11 1/2
au lieu de 8 - 9) chez les autres exemplaires d'Asie-Mineure.
Ces caractères me paraissent suffisants pour justifier la
création d'une petite variété locale pour laquelle le nom de
smyrniote semble le mieux convenir.

XIII. — ABRAMIS Cuvier.

Abramis CUVIER, Règne Anim., I, 1817, p. 194; GÜNTHER, Cat. Fish.,
VII, 1868, p. 299; É. MOREAU, Poiss. France, III, 1881, p. 395;
ANTIPA, Fauna Icht. Român., 1909, p. 138.

Corps très comprimé, plus ou moins élevé, recouvert
d'écailles moyennes. Bouche moyenne, terminale, protractile,
à lèvres simples, sans barbillons. Mâchoire supérieure habituellement proéminente. Sous-orbitaires petits. Joues nues.
Dents pharyngiennes en une seule rangée (5-5), plus ou
moins comprimées et crochues. Ligne latérale complète,
plus rapprochée du ventre que du dos, mais médiane sur le
pédicule caudal. Carène abdominale entre les ventrales et
l'anus. Dorsale courte, sans rayon ossifié, commençant en
arrière de l'insertion des ventrales et composée de 3 rayons
simples et de 8 ou 9 branchus. Anale très longue. Un
appendice écailleux à la base de la ventrale.

Le genre *Abramis*, dont il faut séparer la Brême borde-
lière (*Blicca bjoernka* Linné) à dents pharyngiennes sur
2 rangées, ne comprend qu'une seule espèce dans les eaux

françaises, la Brême commune (*Abramis brama* Linné),
mais compte d'assez nombreux représentants dans le centre
et l'est de l'Europe.

Une seule espèce a été signalée en Asie-Mineure, où elle
s'est différenciée en une variété particulière.

1. — **Abramis elongatus** Agassiz
var. **asianus** Steindachner.

(Fig. 25).

Abramis elongatus AGASSIZ, Mém. Soc. Sc. Nat. Neuchâtel, I, 1835,
p. 39, et in Wiegm. Arch., 1838, p. 81; GÜNTHER, Cat. Fish., VII,
1868, p. 304.

Abramis melanops HECKEL, Ann. Wien. Mus., II, 1840, p. 154, pl. 9,
fig. 3; NORDMANN, in Demidoff, Voy. Russ. Mérid., III, 1840,
p. 509, pl. XXII, fig. 2.

Abramis elongatus var. *asianus* STEINDACHNER. Denks. Akad. Wiss.
Wien, 64, 1897. p. 689, pl. IV, fig. 1.

La hauteur du corps est contenue 3 fois 1/4 à 3 fois 1/3
dans la longueur sans la caudale, la longueur de la tête

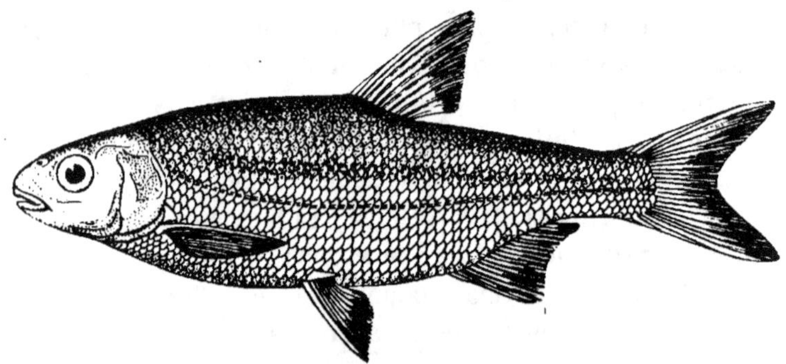

Fig. 25. — *Abramis elongatus* Agassiz
var. *asianus* Steindachner.

environ 4 fois. Le diamètre de l'œil est compris 3 fois 2/3 à
4 fois 1/4, la longueur du museau 3 fois 1/3 à 3 fois 2/5
dans la longueur de la tête. Le museau est arrondi, tron-

qué. La bouche, qui s'ouvre au niveau du bord inférieur de l'œil, n'atteint pas en arrière le bord antérieur de celui-ci. On compte 5 ou 6 écailles entre la ligne latérale et la ventrale. La dorsale débute à égale distance du bord antérieur de l'œil et de l'origine de la caudale; elle est 2 fois plus haute que longue; ses plus longs rayons égalent presque la longueur de la tête; son bord supérieur est droit. L'anale commence en arrière de la dorsale et est 1 fois 1/5 à 1 fois 1/4 plus longue que haute, ses rayons antérieurs faisant les 3/5 environ de la longueur de la tête. La pectorale, pointue, mesure aussi les 3/5 environ de la longueur de la tête. La ventrale s'insère complètement en avant de la dorsale et n'atteint pas l'anale. Le pédicule caudal est 1 fois 1/2 aussi long que haut. La caudale est fourchue, à lobes pointus.

La teinte générale est uniforme, plus foncée sur le dos.

D. III 8; A. III 17; P. I 17; V. I 9; Sq. 9 $^1/_2$ | 56-57 | 8 $^1/_2$.

Longueur totale : 164 millimètres.

La Brême allongée habite le bassin du Danube, l'Allemagne, la Russie et l'est de l'Europe. La variété asiatique, spéciale à l'Asie-Mineure, a été décrite par Steindachner d'après des spécimens des environs d'Eski-Chéhir mesurant de 118 à 164 millimètres de longueur.

XIV. — COBITINULA Bela Hanko.

Cobitinula Bela Hanko, Fische Klein-Asien, 1924, p. 132.

Corps allongé, comprimé, recouvert d'écailles minuscules. Bouche petite, inférieure, avec 2 paires de barbillons épais et bien développés : l'une sur le museau au-dessus de la commissure, l'autre sur les côtés de la bouche. Sous-orbitaires avec une petite épine érectile, bifide (fig. 26, 3). Ouverture branchiale réduite aux côtés. Dorsale courte,

composée de 2 rayons simples et de 7 branchus, opposée aux
ventrales. Anale courte, formée de 2 rayons simples et de
5 branchus. Vessie natatoire enclose dans une capsule
osseuse.

Ce genre singulier, remarquable par la réduction du
nombre des barbillons, ne comprend qu'une espèce, propre à
l'Asie-Mineure.

1. — **Cobitinula Anatoliæ** Bela Hanko.

Cobitinula Anatoliæ BELA HANKO, Fische Klein-Asien, 1924, p. 152 et
153, fig. 5 et pl. III, fig. 6.

La hauteur du corps est un peu inférieure à la longueur
de la tête, qui est comprise 4 fois 1/2 dans la longueur sans
la caudale. Le corps est fortement comprimé sur les côtés.

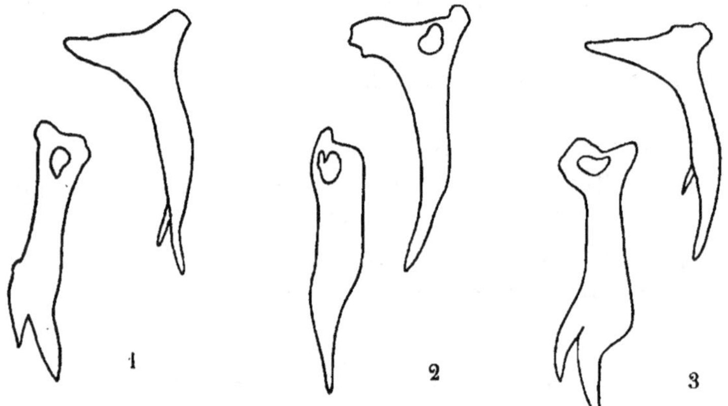

Fig. 26. — Épines sous-orbitaires gauches,
vues de côté et de dessus :

1. *Cobitis tænia* L.; 2. *Cobitis simplicispina* Bela Hanko;
3. *Cobitinula Anatoliæ* Bela Hanko (d'après BELA HANKO).

Le diamètre de l'œil égale la largeur du museau. La largeur
de la tête est contenue 2 fois dans sa longueur. L'épine
sous-orbitaire a sa tête en forme de massue, son corps grêle

et ses 2 pointes fortes et bien développées (fig. 26, 3). Les plus longs rayons de la dorsale font les 3/4 de la longueur de la tête ; ceux de l'anale mesurent les 4/5 de ceux de la dorsale. Entre la dorsale et la caudale, aussi bien qu'entre l'anale et cette dernière nageoire, existe un repli membraneux égalant en hauteur la 1/2 du diamètre oculaire. La pectorale égale la longueur de la tête. La ventrale mesure la 1/2 de cette longueur. La caudale est arrondie.

La coloration générale est orangée. Sur le dos existe une série d'une dizaine de taches brunes et de nombreux petits points de même couleur. Sur les côtés s'étend une bande longitudinale cendrée, formée d'une suite de taches. La dorsale et la caudale sont diversement marquées de foncé, les autres nageoires sont claires.

D. II 7 ; A. II 5 ; P. I 7 ; V. I 6.

Longueur totale : 55 millimètres.

Cette petite espèce n'est connue que par 2 spécimens de 40 et 55 millimètres provenant de l'Ak-Gheul.

XV. — COBITIS Linné.

Cobitis part. Linné, Syst. Nat., I, 1758, p. 303 ; part. Cuvier et Valenciennes, Hist. Poiss., XVIII, 1846, p. 1 ; Günther, Cat. Fish., VII, 1866, p. 362 ; part. É. Moreau, Poiss. France, III, 1881, p. 432 ; part. Antipa, Fauna Icht. Romàn., 1909, p. 194 ; Bela Hanko, Fische Klein-Asien, 1924, p. 153.

Acanthopsis (non Van Hasselt) Agassiz, Mém. Soc. Sc. Nat. Neuchâtel, I, 1835, p. 36.

Corps allongé, plus ou moins comprimé, recouvert d'écailles minuscules. Bouche petite, inférieure, entourée par des lèvres, 3 paires de courts barbillons : 2 sur le museau et une sur les côtés de la bouche. Sous-orbitaires avec une petite épine érectile, souvent bifide. Ouverture branchiale réduite aux côtés. Dents pharyngiennes petites, à pointe aiguë et coupante, au nombre de 8 à 10 de chaque côté. Dorsale courte, composée de 9 ou 10 rayons dont 3 simples, opposée aux ventrales. Anale courte, formée de 7 ou 8 rayons dont 3 simples. Vessie natatoire enclose dans une capsule osseuse.

Le genre *Cobitis* a pour type bien connu la Loche de rivière (*Cobitis tœnia* Linné), fort commune dans les eaux françaises et qu'on retrouve à travers toute l'Europe jusqu'à l'Asie-Mineure. Quelques autres espèces du genre ont été signalées en Asie. On reconnaîtra les deux formes d'Asie-Mineure de la façon suivante :

Épine sous-orbitaire bifide . . . . *C. tœnia.*
Épine sous-orbitaire simple . . . . *C. simplicispina.*

1. — **Cobitis tænia** Linné.

(Fig. 27 et pl. II, fig. 6).

Cobitis tœnia Linné, Syst. Nat., I, 1758, p. 303 ; Cuvier et Valenciennes, Hist. Poiss., XVIII, 1846, p. 58 ; Heckel et Kner, Süsswasserf. Œsterr. Monarch., 1858, p. 303, fig. 163 ; Günther, Cat. Fish., VII, 1868, p. 362 ; É. Moreau, Poiss. France, III, 1881, p. 434 ; Antipa, Fauna Icht. Român., 1909, p. 198, pl. XIV, fig. 78.

Acanthopsis tœnia Agassiz, Mém. Soc. Sc. Nat. Neuchâtel, I, 1835, p. 36 ; Nordmann, in Demidoff, Voy. Russ. Mérid., III, 1840, p. 468.

Cobitis (Acanthopsis) caspia Eichwald, Bull. Soc. Nat. Moscou, II, 1838, p. 133.

Cobitis elongata Heckel et Kner, op. cit., 1858, p. 305, fig. 164.

Cobitis tœnia L. subsp. *turcica* Bela Hanko, Fische Klein-Asien, 1924, p. 154, pl. III, fig. 8, et fig. 3, p. 153.

La hauteur du corps est contenue 6 à 8 fois dans la longueur sans la caudale, la longueur de la tête 5 à 6 fois 1/4. L'œil est petit, supère ; son diamètre, très supérieur à l'espace interorbitaire, est compris 4 fois 1/2 à 6 fois dans la longueur de la tête, 1 fois 1/2 à 2 fois 1/2 dans la longueur du museau. L'épine sous-orbitaire est fourchue, la seconde pointe étant bien développée (fig. 26, 1). La lèvre inférieure est échancrée sur le milieu. Les 2 barbillons antérieurs sont un peu inférieurs en longueur au diamètre de l'œil, le postérieur l'égalant environ. Les dents pharyngiennes sont au nombre de 8 à 10 de chaque côté (fig. 28). La dorsale débute à égale distance du bord antérieur ou postérieur de l'œil et de l'origine de la caudale ; ses plus longs rayons

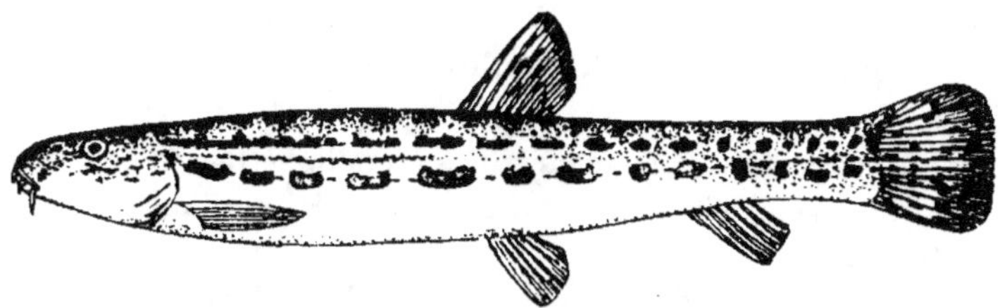

Fig. 27. — *Cobitis tænia* Linné.

font les 4/5 environ de la longueur de la tête ; son bord supérieur est convexe. L'anale, très reculée, a ses rayons les plus longs égaux environ à ceux de la dorsale ; son bord inférieur est convexe aussi. Il existe un repli membraneux plus ou moins marqué entre la dorsale et la caudale et entre l'anale et la caudale. La pectorale, pointue, fait des 2/3 à 1 fois la longueur de la tête, et est séparée de la ven-

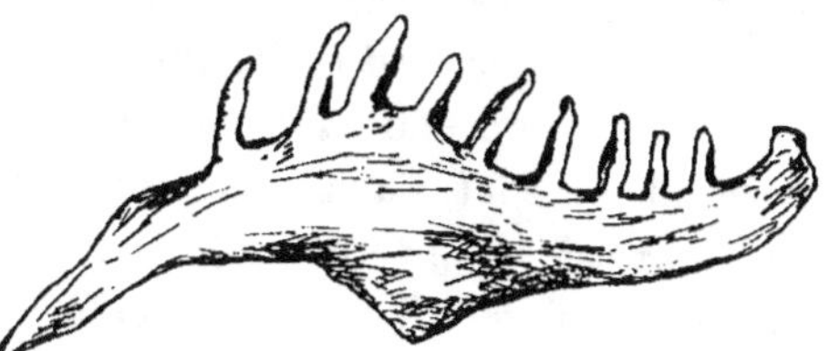

Fig. 28. — Pharyngien inférieur de *Cobitis tænia* Linné (grossi 15 fois).

trale par une distance égale à 1 fois 1/2 à 2 fois 1/2 sa propre longueur. La ventrale débute environ sous le milieu de la dorsale ; elle est séparée de l'anus par une distance égale à 1 à 1 fois 1/2 sa propre longueur. Le pédicule caudal est 1 fois 1/3 à 1 fois 2/3 aussi long que haut. La caudale est légèrement arrondie.

La coloration est assez variable. Le dos est gris verdâtre ou jaunâtre, les côtés et le ventre blanchâtres, jaunâtres ou tirant sur l'orangé. Il existe souvent, sur la ligne médiane du dos, une série d'une douzaine de grandes taches brunes et de très nombreux petits points bruns; sur les flancs court une série de 12 à **22** taches noirâtres ou brunes, celles-ci peuvent se confondre et former une ligne longitudinale plus ou moins continue. La dorsale et la caudale sont barrées de petits points bruns disposés en rangées régulières.

D. III 7-8 ; A. III 5 ; P. I 7-8 ; V. I 5-6.

Longueur totale : 138 millimètres.

9 exemplaires. Longueur : 37 à 53 millimètres. Rivière Kémer.

107 exemplaires. Longueur : 34 à 80 millimètres. Rivière Tchibouk.

71 exemplaires. Longueur : 37 à 88 millimètres. Dans l'eau courante reliant le Mohan-Gheul à l'Émir-Gheul.

4 exemplaires. Longueur : 128 à 138 millimètres. Mohan-Gheul.

1 exemplaire. Longueur : 133 millimètres. Émir-Gheul.

13 exemplaires. Longueur : 40 à 70 millimètres. Fossés des environs d'Angora.

La Loche de rivière est répandue dans un grand nombre de cours d'eau de France, où sa taille atteint rarement 120 millimètres. Son habitat comprend l'Europe, une partie de l'Asie et même l'Afrique. En effet, j'ai signalé, d'après des envois de M. Alluaud, la présence de cette espèce au Maroc. Moi-même je l'ai retrouvée à Tiflet, dans l'oued Tiflet.

Les nombreux spécimens recueillis en divers points d'Asie-Mineure par M. Henri Gadeau de Kerville, et dont quelques-uns atteignent la taille tout à fait remarquable de 138 millimètres, me paraissent, malgré des différences de coloration parfois assez notables, devoir tous se rapporter à la forme typique.

M. Bela Hanko a distingué, sous le nom de *turcica*, d'après 2 exemplaires de 56 et 75 millimètres, de l'Érégli, une variété chez laquelle l'épine sous-orbitaire est forte et développée, mais dont la pointe latérale se tient dans la direction de la pointe principale. Cette variété me paraît difficile à admettre.

2. — **Cobitis simplicispina** Bela Hanko.

Cobitis simplicispina Bela Hanko, Fische Klein-Asien, 1924, p. 153,
fig. 4, et pl. III, fig. 7.

La hauteur du corps est contenue 6 fois 1/2 dans la longueur sans la caudale, la longueur de la tête 5 fois 1/2. La
largeur de la tête fait la 1/2 de sa longueur. Le diamètre de
l'œil égale la largeur du museau. L'épine sous-orbitaire est
forte et ne présente aucune bifurcation (fig. 26, 2). Les 2 barbillons antérieurs égalent le diamètre de l'œil; le postérieur,
grêle, est 2 fois plus long. La dorsale, à bord supérieur
convexe, est un peu moins haute que la longueur de la tête.
L'anale est environ aussi haute que la dorsale. La pectorale,
pointue, fait 1 fois la longueur de la tête; la ventrale,
pointue également, les 2/3 de celle-ci. Le pédicule caudal est
un peu plus long que haut. La caudale est arrondie.

La teinte générale est jaune paille. Sur le dos existe une
large bande longitudinale formée de petits points bruns.
Sur les côtés s'étend, depuis la fente operculaire jusqu'à
l'origine de la caudale, une bande foncée continue, terminée
par une barre transversale de couleur sombre. La dorsale
et la caudale sont marquées de petits points gris, les autres
nageoires sont de couleur jaune paille.

D. II 6; A. II 6; P. I 7; V. I 6.

Longueur totale : 78 millimètres.

Cette espèce, qui n'est connue que par les types, a été
décrite d'après 3 spécimens de 40, 62 et 78 millimètres,
provenant de Kötschke-Kissik.

XVI. — NEMACHILUS Van Hasselt.

Cobitis part. Linné, Syst. Nat., I, 1758, p. 303 ; part. Cuvier et Valenciennes, Hist. Poiss., XVIII, 1846, p. 1 ; part. É. Moreau, Poiss.
France, III, 1881, p. 432.

Nemachilus Van Hasselt, Algem. Konst en Letterb., II, 1823, p. 133 ;
  Günther, Cat. Fish., VII, 1868, p. 347 ; Herzenstein, Wiss. Res.
  Przewalski Reis. Zool., III, Fische, 1888, p. 1 ; Boulenger, Fish.
  Nile, 1907, p. 274, et Cat. Fr. Fish. Africa, II, 1911, p. 216 ; Bela
  Hanko, Fische Klein-Asien, 1924, p. 155.

Diplophysa Kessler, in Fedschenko's Reise, II, 1874, p. 57.

Corps allongé et faiblement comprimé, nu ou recouvert d'écailles minuscules. Bouche petite, inférieure, entourée par des lèvres ; trois paires de barbillons : 2 sur le museau et une sur les côtés de la bouche. Sous-orbitaires petits, sans épine. Ouverture branchiale réduite aux côtés. Dents pharyngiennes petites, pointues et plus ou moins crochues, en une seule rangée. Ligne latérale complète, médiane. Dorsale courte, composée de 10 à 17 rayons dont 3 simples, opposée aux ventrales ou juste en arrière de celles-ci. Anale courte, formée de 7 à 9 rayons dont 3 simples. Vessie natatoire entièrement ou partiellement enclose dans une capsule osseuse, ouverte sur les côtés.

Le genre *Nemachilus* est représenté en France par la Loche franche (*Nemachilus barbatulus* Linné). Il comprend de très nombreuses espèces en Asie [1]. On n'en connait qu'une seule en Afrique, le *Nemachilus abyssinicus* Boulenger, du lac Tsana, en Abyssinie.

Les deux espèces signalées jusqu'ici en Asie-Mineure se reconnaîtront de la façon suivante :

Corps recouvert de minuscules écailles. Pectorales faisant des 3/4 à 1 fois la longueur de la tête. Caudale échancrée.
. . . . *N. Angoræ.*

Corps nu. Pectorales faisant de 1 fois à 1 fois 1/2 la longueur de la tête. Caudale arrondie. . . . . . *N. Lendli.*

---

1. M. Henri Gadeau de Kerville a recueilli en Syrie 3 espèces de ce genre : *Nemachilus panthera* Heckel, *N. insignis* Heckel et *N. argyrogramma* Heckel (J. Pellegrin, Voy. zool. Henri Gadeau de Kerville en Syrie, 1923, p. 31-32. *Nemachilus panthera* Heckel var. *leopardus* Heckel, pl. V, fig. 1).

1. — **Nemachilus Angoræ** Steindachner.

(Pl. II, fig. 1, 2 et 3).

Nemachilus Angoræ STEINDACHNER, Denks Akad. Wiss. Wien, 64, 1897,
p. 693, pl. IV, fig. 4 ; LEIDENFROST, Allattani Közl., Budapest, XI,
1912, p. 128 ; BELA HANKO. Fische Klein-Asien, 1924, p. 155.

Le corps est recouvert de minuscules écailles, sa hauteur
est contenue 4 fois 3/4 à 6 fois 1/4 dans la longueur sans la
caudale ; la longueur de la tête 4 à 4 fois 1/2. L'œil
est petit, supère ; son diamètre est compris 3 fois 1/2 à
4 fois 1/2 dans la longueur de la tête, 1 fois 1/2 à 1 fois 3/4
dans la longueur du museau, 1 à 1 fois 1/3 dans l'espace
interorbitaire. La lèvre inférieure est échancrée au milieu.
Les 2 barbillons antérieurs, subégaux, font 1 fois 1/2 à
2 fois le diamètre de l'œil, le postérieur 2 à 2 fois 1/4. La
dorsale débute à égale distance du bout du museau et de
l'origine de la caudale ; ses plus longs rayons mesurent des
3/4 aux 4/5 de la longueur de la tête ; son bord supérieur
est convexe. L'anale, très reculée, est un peu moins haute
que la dorsale et a son bord inférieur convexe. La pectorale,

A ce propos je crois bon de signaler que sur un lot de 15 exemplaires de *Nemachilus panthera* Heckel récoltés, par ce zoologiste, à
Koutaïfé, au nord-est de Damas, 4 sont apodes. c'est-à-dire complètement privés de ventrales.

Ce fait me paraît, en la circonstance, ne devoir être considéré que
comme accidentel, d'ordre tératologique, et non avoir la valeur d'un
caractère spécifique ou générique, les individus apodes étant. en tous
points. semblables à ceux de même provenance, à ventrales normales.

N'empêche qu'il n'est pas sans intérêt de constater la disparition des
ventrales chez des Cobitidinés, Poissons cyprinoïdes au corps en
voie d'allongement. Ce cas est à rapprocher des constatations que j'ai
été amené à faire sur des Siluridés africains du groupe des Clariinés, chez
lesquels on trouve toutes les formes de passage entre des types à corps
relativement court et pourvus de toutes leurs nageoires, et d'autres
serpentiformes, privés de leurs nageoires paires et aux nageoires
impaires considérablement réduites et fusionnées. (Cf. J. PELLEGRIN.
La disparition des nageoires paires chez les Poissons africains du
groupe des Clariinés, C. R. Acad. Scienc., t. 183, 20 décembre 1926,
p. 1301, et Ann. Sc. nat., Zool., X, 1927, p. 209).

arrondie, fait des 3/4 à 1 fois au plus la longueur de la tête et est loin d'arriver à la ventrale. Celle-ci commence au-dessous de l'origine de la dorsale ou un peu en avant et est loin d'atteindre l'anus. Le pédicule caudal est 1 fois 1/2 à 2 fois aussi long que haut. La caudale, aussi longue que la tête, est échancrée, à lobes pointus.

La coloration est très variable (pl. II, fig. 1, 2 et 3). La teinte générale est grisâtre ou jaune, tirant parfois sur l'orangé, surtout sous la tête. Le dos et les côtés sont marqués de taches brunes, de dimensions diverses et plus ou moins régulièrement disposées. En général 5 ou 6 grandes taches sont plus visibles sur la ligne médiane de la dorsale à la caudale, et une vingtaine de taches brunes ou noirâtres sur les côtés au niveau de la ligne latérale ; celles-ci peuvent se confondre et former une bande longitudinale irrégulière ; souvent on voit une barre noire transversale à la fin du pédicule caudal. La dorsale et la caudale sont barrées de petits points bruns disposés en séries régulières. Les autres nageoires sont uniformément claires.

D. III 7 ; A. II 5 ; P. I 9-10 ; V. I 6.

Longueur totale : 78 millimètres.

10 exemplaires. Longueur : 42 à 70 millimètres. Rivière Kémer.

453 exemplaires. Longueur : 30 à 78 millimètres. Rivière Tchibouk.

9 exemplaires. Longueur : 35 à 74 millimètres. Ruisseau faisant communiquer l'Émir-Gheul avec le Mohan-Gheul.

22 exemplaires. Longueur : 32 à 64 millimètres. Fossés des environs d'Angora.

La Loche d'Angora a été décrite par STEINDACHNER d'après 16 exemplaires de 34 à 72 millimètres de longueur provenant des Tabakane-Su et Tschibuk-Tschaï.

M. BELA HANKO a eu en mains 17 exemplaires de 30 à 55 millimètres d'Alpukoï.

Dans la magnifique série recueillie par M. Henri GADEAU DE KERVILLE, certains individus sont un peu supérieurs à toutes ces dimensions.

2. — **Nemachilus Lendli** Bela Hanko.

(Pl. II, fig. 4 et 5).

Nemachilus Lendlii Bela Hanko, Fische Klein-Asien, 1924, p. 155, pl. III, fig. 9.

Le corps est nu ; sa hauteur est contenue 4 à 6 fois dans la longueur sans la caudale, la longueur de la tête 4 à 5 fois. L'œil est petit, supère ; son diamètre est compris 4 à 6 fois dans la longueur de la tête, 1 fois 1/2 à 2 fois 1/2 dans la longueur du museau, 1 fois 3/4 à 2 fois 1/5 dans l'espace interorbitaire. La lèvre inférieure est échancrée en dessous, au milieu. Le barbillon antérieur fait 1 fois 1/3 à 2 fois le diamètre de l'œil, le médian 1 fois 1/2 à 2 fois 1/2, le postérieur 2 à 2 fois 3/4. La dorsale débute un peu plus près de l'origine de la caudale que du bout du museau ; ses plus longs rayons font des 3/4 à 1 fois la longueur de la tête ; son bord supérieur est convexe. L'anale, très reculée, est un peu moins haute que la dorsale et a son bord inférieur convexe. La pectorale, pointue ou subacuminée, égale 1 à 1 fois 1/2 la longueur de la tête et arrive parfois jusqu'à la ventrale. Celle-ci commence sous le milieu de la dorsale et n'atteint pas l'anus. Le pédicule caudal est 1 à 1 fois 1/3 aussi long que haut. La caudale égale ou est un peu plus longue que la tête et nettement arrondie.

La teinte générale est gris bleuâtre ou jaunâtre. Le dos et les côtés sont marqués de rangées irrégulières de petites taches brunes. La dorsale, les pectorales et la caudale sont finement barrées de lignes de petits points bruns. Les ventrales et l'anale sont uniformément blanc jaunâtre.

D. II 7-8 ; A. III 5 ; P. I 9-10 ; V. I 5-6.

Longueur totale : 90 millimètres.

61 mâles. Longueur : 50 à 75 millimètres. 44 femelles. Longueur : 50 à 84 millimètres. Dans l'eau courante reliant le Mohan-Gheul à l'Émir-Gheul.

3 mâles. Longueur : 54 à 65 millimètres. 6 femelles. Longueur :
60 à 90 millimètres. Émir-Gheul.

13 mâles. Longueur : 53 à 65 millimètres. 11 femelles. Longueur : 54 à 70 millimètres. Ruisseaux des environs d'**Angora**.

Cette espèce a été décrite d'après 10 exemplaires de 23 à
66 millimètres de longueur provenant d'Eski-Chéhir. Elle
est remarquable par le développement des ventrales, caractère qui semble notablement plus accentué chez les mâles
que chez les femelles.

Dans la belle série récoltée par M. Henri GADEAU DE
KERVILLE, ces Poissons étaient mélangés avec de nombreux
individus de l'espèce précédente.

III. — SILURIDÉS.

Tête et corps nus ou recouverts de plaques ou d'écussons
osseux. Bouche non protractile, bordée généralement par
les prémaxillaires et non les maxillaires, qui sont le plus
souvent très réduits et soutiennent des barbillons. Mâchoires
dentées, en règle générale. 1 à 4 paires de barbillons. Branchiostèges au nombre de 4 à 17. Pas de pseudobranchies.
Pharyngiens à dents petites, coniques ou en velours.
Nageoires impaires formées de rayons mous. Pectorales
insérées très bas, se repliant comme les ventrales et souvent
munies d'une forte épine osseuse ainsi que la dorsale. Adipeuse souvent présente.

Cette famille, une des plus vastes de la classe des Poissons, est répandue dans les eaux douces de toutes les
régions du globe, mais surtout entre les tropiques. Quelques
formes sont marines.

Les Siluridés ou Poissons-chats, comme on les désigne
vulgairement, sont divisés en 8 sous-familles principales.
Une seule est représentée dans les eaux douces d'Asie-
Mineure, de même que dans les rivières européennes, c'est

celle des Silurinés, caractérisés par le peu de développement de la dorsale rayonnée et de la nageoire adipeuse, qui
peuvent même manquer complètement, par la longueur de
la nageoire anale et par la membrane des ouïes libre.

I. — SILURUS Linné.

Silurus Linné, Syst. Nat., I, 1758, p. 304; Bleeker, Nederl. Tydschr.
Dierk., 1863, p. 114; Günther, Cat. Fish., V, 1864, p. 32; É. Moreau,
Poiss. France, III, 1881, p. 438; Antipa, Fauna Icht. Romàn., 1909,
p. 93.

Corps assez allongé, arrondi antérieurement, comprimé
sur les côtés. Tête nue, déprimée. Trois paires de barbillons :
une maxillaire, deux à la mandibule. Narines bien séparées.
Bouche grande, terminale. Dents en cardes sur les mâchoires
et le vomer ; palatins non dentés. Une dorsale rayonnée,
très courte, sans rayon osseux. Pas d'adipeuse. Anale très
longue, unie à la caudale. Pectorale armée d'une forte épine
denticulée à son extrémité. Ventrale en arrière de la dorsale.

Le genre *Silurus* contient l'espèce typique de la famille,
le Silure d'Europe, qu'on retrouve également en Asie-Mineure.
On en doit séparer les *Parasilurus* Bleeker, chez lesquels
il n'existe que 2 paires de barbillons.

1. — **Silurus glanis** Linné.

(Fig. 29).

Silurus glanis Linné, Syst. Nat., I, 1758, p. 304; Cuvier et Valen-
ciennes, Hist. Poiss., XIV, 1839, p. 323, pl. 409; Günther, Cat.
Fish., V, 1864, p. 32; É. Moreau, Poiss. France, III, 1881, p. 439;
Steindachner, Denks. Akad. Wiss. Wien, 64, 1897, p. 694; Antipa,
Fauna Icht. Romàn., 1909, p. 93, pl. VI, fig. 32.

La hauteur du corps est contenue 6 fois 1/2 à 7 fois 1/2
dans la longueur sans la caudale, la longueur de la tête
5 à 6 fois. Le diamètre de l'œil est compris 10 à 13 fois

dans la longueur de la tête. La bouche est largement fendue, en travers, et arrive en arrière presque au-dessous du bord antérieur de l'œil. Le barbillon maxillaire fait un peu plus de 1 fois à 1 fois 2/5 la longueur de la tête ; les barbillons mandibulaires sont très courts, surtout les antérieurs. La mandibule est proéminente. La ligne latérale, plus rapprochée du dos que du ventre, est droite. La dorsale, située au-dessus de l'espace compris entre la pectorale et la ventrale, est 2 fois 2/3 plus près du bout du museau que de l'origine de la caudale ; ses plus longs rayons font le 1/4 environ de la longueur de la tête. L'anale, de dimensions à peu près

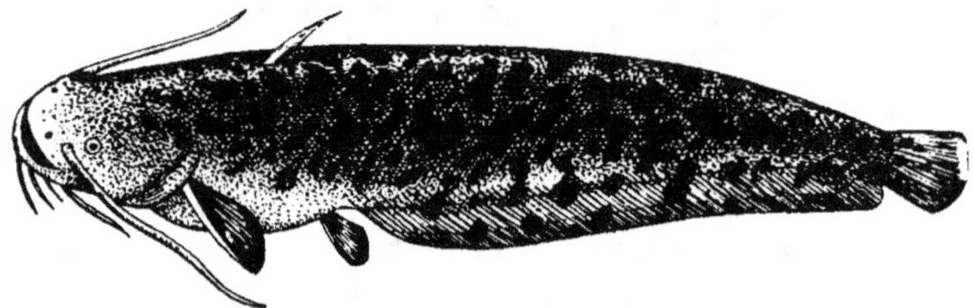

Fig. 29. — *Silurus glanis* Linné.

égales sur toute sa longueur, est largement unie en arrière à la caudale. La pectorale, arrondie, mesure de la 1/2 aux 3/5 de la longueur de la tête et n'atteint pas la ventrale. Celle-ci, arrondie également, fait les 2/3 de la pectorale et dépasse l'origine de l'anale. La caudale est arrondie.

La coloration est brun olivâtre ou verdâtre sur le dos, gris jaunâtre sur les flancs, blanchâtre sur le ventre ; il existe souvent des marbrures brunes ou verdâtres sur les côtés. Les nageoires sont brunâtres.

D. I 4 ; A. III 83-89 ; P. I 15-17 ; V. I 10-12.

Longueur totale : 4 mètres.

1 exemplaire. Longueur : 1 mètre 100 millimètres. Région d'Angora.

Le Silure d'Europe ou Glanis est répandu dans la plupart des rivières du centre et de l'est de l'Europe à partir du

Rhin. En France, on l'a rencontré dans le Doubs. C'est un Poisson très vorace, mais sa chair est de bonne qualité et sa grande taille le rend fort appréciable au point de vue comestible.

Il a été signalé en Asie-Mineure par Steindachner, d'après 2 exemplaires du fleuve Sakaria de 560 et de 675 millimètres de longueur. Le beau spécimen provenant de la région d'Angora, acheté par M. Henri Gadeau de Kerville, confirme la présence de l'espèce en Anatolie.

IV. — ÉSOCIDÉS [1].

Corps élancé, assez allongé, recouvert de petites écailles. Tête écailleuse. Bouche très fendue, bordée par les prémaxillaires et les maxillaires, ces derniers en arrière et dépourvus de dents. Des dents pointues sur les intermaxillaires, le vomer, les palatins, la langue. Mandibule armée de dents inégales. Ouvertures branchiales grandes. Branchiostèges nombreux. Pseudobranchie glandulaire. Pharyngiens à dents petites, en cardes. Dorsale unique et anale formées de rayons mous et très reculées en arrière. Pectorales insérées très bas, se repliant comme les ventrales. Ventrales abdominales. Vessie natatoire simple communiquant avec l'œsophage par un conduit pneumatophore.

Cette famille ne comprend qu'un genre avec plusieurs espèces répandues dans tout l'hémisphère nord, en Europe, en Asie et en Amérique septentrionale.

1. Les Ésocidés sont souvent placés, ainsi que les Cyprinodontidés, dans le groupe des Haplomes, fort voisin des Malacoptérygiens proprement dits. Chez eux, l'appareil operculaire est bien développé, l'arc pectoral est suspendu au crâne, il n'y a pas d'arc mésocoracoïde. Les nageoires sont généralement dépourvues d'épines et d'aiguillons ; les ventrales, qui peuvent manquer, sont abdominales ; il n'y a pas fusion des vertèbres antérieures, ni présence d'osselets de Weber, comme chez les Ostariophysiens.

I. — ESOX Linné.

Esox part. Linné, Syst. Nat., I, 1758, p. 313; Günther. Cat. Fish., VI,
1866, p. 226; É. Moreau, Poiss. France, III, 1881, p. 465; Antipa,
Fauna Icht. Român., 1909, p. 210.

Corps recouvert de petites écailles cycloïdes. Des écailles
sur les joues et l'opercule. Museau grand, large et plat. Pas
de barbillons. Mandibule proéminente. Narines rapprochées.
Ligne latérale distincte, droite, plus rapprochée du dos que
du ventre, médiane en arrière. Dorsale composée de 14 à
23 rayons. Anale opposée à la dorsale, formée de 14 à 21
rayons. Ventrales de 9 à 11 rayons.

Le type du genre est le Brochet (*Esox lucius* Linné),
répandu dans les eaux douces de l'Europe, du nord de l'Asie
et dans l'Amérique du Nord. C'est lui qu'on retrouve en
Asie-Mineure.

1. — **Esox lucius** Linné.

Esox lucius Linné, Syst. Nat., I, 1758, p. 314; Cuvier et Valenciennes,
Hist. Poiss., XVIII, 1846, p. 279; Günther, Cat. Fish., VI, 1866,
p. 226; É. Moreau, Poiss. France, III, 1881, p. 466; Steindachner,
Denks. Akad. Wiss. Wien, 64, 1897, p. 694; Antipa, Fauna Icht.
Român., 1909, p. 211, pl. XV, fig. 82.

Lucius lucius Jordan et Evermann, Fish. of North America, 1896, I,
p. 628.

La hauteur du corps est contenue 5 fois 1/2 à 5 fois 2/3
dans la longueur sans la caudale, la longueur de la tête
3 fois 2/5 à 3 fois 1/2. Le diamètre de l'œil est compris 7 à
11 fois dans la longueur de la tête, 3 à 4 fois dans la longueur du museau. Le maxillaire s'étend en arrière environ
jusqu'au-dessous du centre de l'œil. Le sous-opercule et la
partie inférieure de l'opercule sont dépourvus d'écailles. La
distance de l'origine de la dorsale à celle de la caudale est
contenue environ 3 fois dans l'espace compris entre le bout
du museau et le début de la dorsale; les plus longs rayons

de cette nageoire font le 1/3 environ de la longueur de la tête ; son bord supérieur est arrondi. L'anale est un peu plus courte que la dorsale, environ aussi haute et à bord également arrondi. La pectorale, arrondie, est contenue 2 fois à 2 fois 1/2 dans la longueur de la tête. La ventrale, arrondie, à peu près égale à la pectorale, débute un peu plus près de l'origine de la caudale que du bout du museau. Le pédicule caudal est 1 fois 1/2 environ aussi long que haut. La caudale est échancrée, à lobes égaux, arrondis.

La coloration est variable : généralement le dos est vert foncé ou vert jaunâtre, avec des taches gris jaunâtre ; les côtés sont verdâtres ; le ventre est argenté. Les nageoires impaires sont rougeâtres, tachetées de vert ; les nageoires paires sont roses ou rouges.

D. VII-VIII 13-15 ; A. IV-V 12-13 ; P. 1 12-13 ; V. 1 8-10 ; Sq. 12-15 | 116-130 | 17-18.

Longueur totale : 1 mètre 25.

Le Brochet n'a été signalé en Asie-Mineure que par STEINDACHNER, d'après un spécimen de 465 millimètres de long du cours moyen du fleuve Sakaria. On sait que la chair de ce Poisson vorace et carnassier est particulièrement estimée.

V. — CYPRINODONTIDÉS [1].

Corps moyen, recouvert d'écailles. Tête écailleuse. Bouche très protractile, garnie de dents, bordée par les prémaxillaires seulement. Maxillaires petits. Des dents, généralement cardiformes, aux pharyngiens ; pharyngiens inférieurs distincts. Pas de barbillons. Branchiostèges au nombre de 4 à 6. 4 arcs branchiaux. Appareil operculaire bien développé.

---

1. Dans une classification récente, M. BOULENGER place les Cyprinodontidés auprès des Scombresocidés, dans le groupe des Percésoces, chez lesquels, quand elle existe, la vessie natatoire close ne possède pas de conduit pneumatophore.

Membrane des ouïes libre. Ligne latérale absente ou réduite à de petits points. Nageoires impaires souvent différentes dans les deux sexes. Dorsale unique, formée de rayons mous peu nombreux. Anale courte ou moyenne. Pectorales situées plus ou moins bas. Ventrales composées de 5 à 7 rayons, rarement absentes. Vessie natatoire simple, quelquefois absente.

Les Cyprinodontidés, parfois désignés sous le nom de Pœciliidés, du nom du genre américain *Pœcilia* Bloch Schneider, sont des petits Poissons cosmopolites des eaux douces ou saumâtres. On les divise, au point de vue physiologique, en carnivores ou insectivores et en végétariens ou limnophages. L'intestin est relativement court chez les premiers ; il décrit de nombreuses circonvolutions chez les seconds. Les sexes sont souvent distincts et on constate parfois, sur des formes américaines, une modification de l'anale en organe copulateur chez le mâle et l'ovoviviparité chez la femelle.

Le genre typique de la famille, seul représenté en Asie-Mineure, appartient au groupe des carnivores ovipares et à anale non modifiée.

I. — CYPRINODON Lacépède.

Cyprinodon Lacépède, Hist. Poiss., V, 1803, p. 486 ; Günther, Cat. Fish., VI, 1886, p. 301 ; É. Moreau, Poiss. France, Suppl., 1891, p. 71 ; Boulenger, Fish. Nile, 1907, p. 406, et Cat. Fr. Fish. Africa, III, 1915, p. 18 ; Pellegrin, Poiss. Afrique Nord, 1921, p. 159 ; Bela Hanko, Fische Klein-Asien, 1924, p. 156.

Lebias Cuvier, Règne Anim., II, 1817, p. 109.

Aphanius Nardo, Prodr. Adr. Icht., 1827, p. 17 et 28.

Micromugil Gulia, Tent. Icht. Medit., 1861, p. 11.

Corps trapu, oblong, couvert de grandes écailles lisses, non denticulées. Tête aplatie en dessus. Bouche petite, garnie d'une seule série de dents moyennes, tricuspides. Pharyngiens

inférieurs séparés, garnis de petites dents pointues (fig. 30).
Dorsale assez reculée, débutant légèrement en avant de
l'anale; celle-ci composée de 9 à 14 rayons; ces deux nageoires
plus développées chez le mâle que chez la femelle. Pectorales
s'insérant sur le tiers inférieur du corps. Ventrales présentes,
situées très en arrière des pectorales.

Ce genre possède une vaste répartition géographique, comprenant le pourtour du bassin méditerranéen, le sud-ouest de l'Asie, le sud-est des États-Unis, le Mexique et Cuba.

Deux espèces se rencontrent dans le sud de l'Europe et la Barbarie : le *Cyprinodon fasciatus* Val. et le *C. iberus* Cuvier et Valenciennes; une

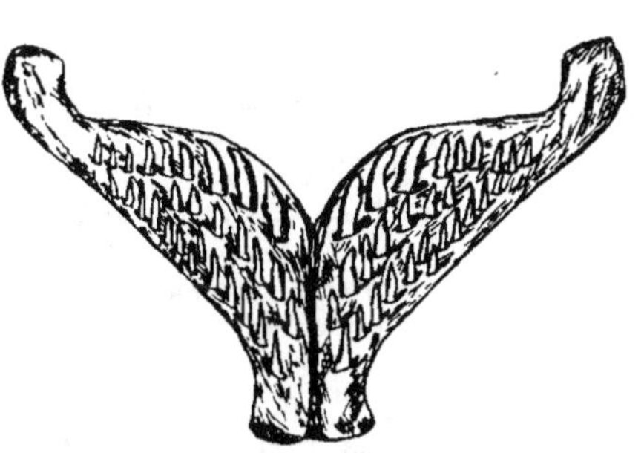

Fig. 30. — Pharyngiens inférieurs de *Cyprinodon fasciatus* Valenciennes (grossis 11 fois).

troisième, le *C. dispar* Rüppell, habite l'Égypte et s'étend,
en Asie, jusqu'en Perse et dans le nord-ouest de l'Inde.

Les quatre espèces signalées en Asie-Mineure se reconnaîtront à l'aide du tableau suivant :

I. — Dents à pointes inégales.

  1. — Pointe médiane environ 2 fois plus longue que les
    2 latérales.

    Caudale tronquée . . . . *C. fasciatus.*

    Caudale arrondie. . . . . *C. cypris.*

  2. — Pointe médiane seulement un peu plus longue que
    les 2 latérales.

    Caudale arrondie . . . . *C. Sophiæ.*

II. — Dents à pointes égales.

    Caudale arrondie . . . . *C. Chantrei.*

1. — **Cyprinodon fasciatus** Valenciennes.

(Fig. 31 et 32).

Lebias fasciatus VALENCIENNES, in Humboldt et Bonpland, Observ. Zool.,
II, 1821, p. 160, pl. 51, fig. 4; WAGNER, Isis, 1828, p. 1055.

Aphanius nanus NARDO, Prodr. Adr. Icht., 1827, p. 17 et 23.

Aphanius fasciatus NARDO, l. c.

Lebias lineopunctata WAGNER, l. c., pl. 12, fig. 1-6.

Lebias sarda WAGNER, l. c., fig. 7.

Pœcilia calaritana BONELLI, in Cuvier, Règne Anim., 2ᵉ éd., II, 1829,
p. 280.

Lebias calaritana COSTA, Fauna Nap., Pesci, II, 1839, p. 33, pl. 17, fig. 2;
CANESTRINI, Arch. p. la Zool., IV, 1866, p. 125, et Fauna d'Ital.,
Pesci, 1874, p. 19; LEPORI, Att. Acc. Rom., (3), IX, 1881, p. 481,
GARMAN, Mem. Mus. Comp. Zool., XIX, 1895, p. 29.

Lebias flava COSTA, op. cit., p. 35, pl. 17, fig. 1.

Cyprinodon calaritanus CUVIER et VALENCIENNES, Hist. Poiss., XVIII,
1846, p. 151; BELLOTTI, Mem. Acc. Sc. Torino, XVII, 1858, p. 159;
GÜNTHER, Cat. Fish., VI, 1866, p. 202; GERVAIS, Zool. Pal. Gén.,
1869, p. 203, pl. 45, fig. 5; PLAYFAIR et LETOURNEUX, Ann. Mag.
Nat. Hist., (4), VIII, 1871, p. 389; SAUVAGE, in Revoil, Faune Pays
Çomalis, Cyprinod., 1882, p. 6; VINCIGUERRA, Ann. Mus. Genova,
XX, 1884, p. 441; É. MOREAU, Poiss. France, Suppl., 1891, p. 71;
ROLLAND, Rev. Scient., (4), II, 1894, p. 418; BOULENGER, Fish.
Nile, 1907, p. 407, pl. 79, fig. 1 et 2.

Cyprinodon fasciatus CUVIER et VALENCIENNES, t. c., p. 156; MARTENS,
Arch. f. Nat., XXIV, 1858, p. 153, pl. IV, fig. 4; GÜNTHER, t. c.,
p. 303; SAUVAGE, op. cit., p. 8; BOULENGER, Cat. Fr. Fish. Africa,
III, 1915, p. 18, fig. 11; PELLEGRIN, Poiss. Afrique Nord, 1921,
p. 160, fig. 72 et 73; ROULE, Stat. océan. Salammbô, Notes, 1926,
n° 6, p. 3.

Cyprinodon moseas CUVIER et VALENCIENNES, t. c., p. 168, pl. 529.

Cyprinodon Hammonis CUVIER et VALENCIENNES, t. c., p. 169; MARTENS,
t. c., p. 155, pl. IV, fig. 5; SAUVAGE, op. cit., p. 10, pl. III, fig. 2 et 4.

Cyprinodon dispar (non RÜPPELL) GÜNTHER, Proceed. Zool. Soc.
London, 1859, p. 474.

Cyprinodon cyanogaster GUICHENOT, Rev. Mag. Zool., (2), XI, 1859,
p. 378 (mâle).

Cyprinodon doliatus GUICHENOT, t. c., p. 379 (femelle).

La hauteur du corps est contenue 2 fois 4/5 à 4 fois dans la longueur, la longueur de la tête 3 à 3 fois 1/2. Le museau est fort court, se terminant brusquement. Le diamètre de l'œil est compris 3 fois à 3 fois 1/2 dans la longueur de la tête, l'espace interorbitaire 2 fois ou presque. La bouche, très protractile, est terminale et dirigée en haut quand elle est rétractée. La mâchoire inférieure est légèrement proéminente. On compte 12 à 16 dents tricuspides à chaque mâchoire ; leurs pointes sont inégales, la médiane faisant le double des latérales. Les écailles, non denticulées, sont au nombre de 12 à 14 en ligne transversale, de 16 autour du pédicule caudal. La

Fig. 31. — *Cyprinodon fasciatus* Valenciennes mâle.

ligne latérale est indistincte. La dorsale commence légèrement en avant de l'anale, un peu plus loin du bord postérieur de l'œil que de l'origine de la caudale ; ses plus longs rayons font environ la 1/2 de la longueur de la tête chez la femelle, des 2/3 à 1 fois 1/4 chez le mâle. L'anale a environ le même développement que la dorsale. La pectorale fait des 2/3 aux 4/5 de la longueur de la tête ; elle est plus longue que la ventrale, qui débute à égale distance du bout du museau et de l'origine de la caudale et atteint parfois l'anale. Le pédicule caudal est 1 fois 1/4 à 1 fois 2/3 aussi long que haut. La caudale est tronquée carrément.

La coloration varie beaucoup suivant les sexes.

Chez le mâle (fig. 31), le dos est brun olivâtre, le ventre blanc ; sur les côtés, il existe 10 à 12 barres brun olivâtre, alternant avec des barres blanc argenté généralement plus étroites ; les nageoires sont jaunes, le bord antérieur de la dorsale est noir, et une barre verticale noire croise le tiers postérieur de la caudale.

Chez la femelle (fig. 32), le dos est brun olivâtre, les côtés, le ventre et les nageoires blancs ; sur les flancs se voient 10 à 14 barres noires n'atteignant ni le dos, ni le ventre, et parfois une petite tache noire à l'origine de la caudale.

D. II 8-11 ; A. II 7-11 ; P. I 13-14 ; V. I 5-6 ; Sq. L. long. 25-29.

Longueur totale : 72 millimètres.

32 mâles. Longueur : 30 à 60 millimètres. 108 femelles. Longueur : 46 à 72 millimètres. Petites mares près du bord de la mer. Région de Smyrne.

Le Cyprinodon rubané ou de Cagliari habite les eaux douces ou saumâtres de l'Italie, de la Sardaigne, de l'Istrie,

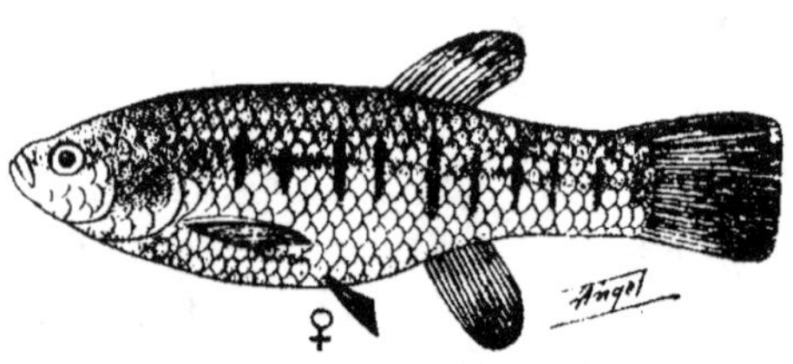

Fig. 32. — *Cyprinodon fasciatus* Valenciennes femelle.

de la Dalmatie, de Chypre et de l'Asie-Mineure. Il est très répandu dans le nord de l'Afrique, notamment en Égypte et dans le Sahara algérien ; on le rencontre dans le lac de Tunis et à Bizerte. Cette jolie petite espèce a été signalée exceptionnellement en France, dans le département des Alpes-Maritimes.

Dans la magnifique série recueillie aux environs de Smyrne par M. Henri GADEAU DE KERVILLE, on constate, comme dans nombre d'autres espèces de Cyprinodontidés, une prédominance marquée du nombre des femelles sur celui des mâles. Les premières sont, en outre, plus volumineuses, et la longueur de 72 millimètres atteinte par certaines d'entre elles est tout à fait remarquable.

Les mâles des environs de Smyrne se distinguent par le développement de leurs nageoires impaires. La dorsale est très haute ; ses plus longs rayons font jusqu'à 1 fois 1/4 la longueur de la tête, tandis que ceux de la nageoire anale égalent celle-ci.

Je crois, d'autre part, pouvoir rapporter à cette espèce quelques petits exemplaires très jeunes, envoyés d'Adana par le Dr E. Tok.

2. — **Cyprinodon cypris** Heckel.

Lebias cypris Heckel, in Russegger's Reisen, I, 1843, p. 1090, et II, 3ᵉ part., 1846, p. 242, pl. 19, fig. 1 (mâle).

Lebias mento Heckel, op. cit., I, 1843, p. 1089, pl. 6, fig. 4 (femelle).

Cyprinodon cypris Günther, Cat. Fish., VI, 1866, p. 304; Lortet, Arch. Mus. Lyon, III, 1883, p. 174, pl. 10, fig. 3; Tristram, Survey West. Palestine, 1884, p. 171 ; Gaillard, Arch. Mus. Lyon, VI, 1895, p. 5, fig. 1 à 3; Pellegrin, Voy. zool. Henri Gadeau de Kerville en Syrie, IV, 1923, p. 34, pl. V, fig. 4 et 5.

Cyprinodon mento Cuvier et Valenciennes, Hist. Poiss., XVIII, 1846, p. 171; Günther, op. cit., VI, 1866, p. 305; Tristram, op. cit., 1884, p. 171 ; Bela Hanko, Fische Klein-Asien, 1924, p. 156.

La hauteur du corps est contenue 2 fois 1/2 à 3 fois dans la longueur sans la caudale, la longueur de la tête 3 à 3 fois 1/4. Le diamètre de l'œil dépasse la longueur du museau et est compris 3 à 3 fois 1/2 dans la longueur de la tête, 1 à 1 fois 1/2 dans l'espace interorbitaire. Le profil supérieur est légèrement concave. La bouche, très protractile, est terminale et dirigée en haut quand elle est rétractée. La mâchoire inférieure est proéminente. On compte environ 16 dents tricuspides à chaque mâchoire, leurs pointes sont inégales, la médiane faisant le double des latérales. Les écailles sont au nombre de 12 à 14 en ligne transversale, de 16 autour du pédicule caudal. La ligne latérale est indistincte. La dorsale commence environ à égale distance du centre de l'œil et de l'origine de la caudale; ses plus longs rayons font des 3/5 aux 2/3 de la longueur de la tête; son bord supérieur est convexe. L'anale présente des dimensions

analogues. La pectorale, arrondie, égale les 3/5 de la longueur de la tête. La ventrale est moitié plus courte et débute
à égale distance du bout du museau et de l'origine de la
caudale. Le pédicule caudal est environ aussi haut que long.
La caudale est un peu arrondie.

Chez le mâle, la teinte générale est brun foncé, parfois
tirant sur le noir, parfois sur le gris jaunâtre, avec 4 à
6 rangées longitudinales de points blanc argenté. La dorsale, l'anale et parfois la caudale sont barrées de 3 à 5
lignes de points argentés.

Chez la femelle, la teinte est brun clair avec des taches
brunes entremêlées de taches argentées et parfois des ver-
miculations. Les nageoires sont grisâtres.

D. II 9-10; A. II 9; P. I 13-15; V. I 4-5; Sq. L. long.
26-28.

Longueur totale : 48 millimètres.

Cette jolie petite espèce habite le Jourdain, les régions de
Jéricho, de Damas, de Baalbek, l'Oronte et Mossoul. M. Henri
GADEAU DE KERVILLE, lors de son voyage en Syrie, l'a
recueillie en abondance à la mare d'Addous, près de Baalbek,
et à Damas et dans ses environs. En Asie-Mineure, M. BELA
HANKO donne comme localités de provenance l'Érégli et
l'Ak-Gheul. D'autre part, le Dr E. TOK m'a adressé des
spécimens récoltés en mai 1927 à Djeihan et à Pekmès
Meuïeuk, dans la région d'Adana.

3. — **Cyprinodon Sophiæ** Heckel.

Lebias Sophiæ HECKEL, in Russegger's Reisen, II, 3e part., 1846, p. 267,
  pl. 22, fig. 2 (mâle).

Lebias punctatus HECKEL, op. cit., 1846, p. 268. pl. 22, fig. 3 (femelle).

Lebias crystallodon HECKEL, op. cit., 1846, p. 269, pl. 22, fig. 4 (femelle).

Cyprinodon Sophiæ GÜNTHER, Cat. Fish., VI, 1866, p. 304; LORTET,
  Arch. Mus. Lyon, III, 1883, p. 178; TRISTRAM, Survey West.
  Palestine, 1884, p. 172; GAILLARD, Arch. Mus. Lyon, VI, 1895,

p. 7, fig. 4 à 6; Pellegrin, Voy. zool. Henri Gadeau de Kerville en Syrie, IV, 1923, p. 36, pl. V, fig. 2 et 3; Bela Hanko, Fische Klein-Asien, 1924, p. 157.

Cyprinodon punctatus Günther, op. cit., 1866, p. 305.

La hauteur du corps est contenue 2 fois 1/2 à 3 fois 1/5 dans la longueur sans la caudale, la longueur de la tête 3 à 3 fois 1/3. Le profil supérieur est droit. Le diamètre de l'œil est compris 2 fois 1/2 à 3 fois 1/4 dans la longueur de la tête, 1 à 1 fois 1/3 dans l'espace interorbitaire. La bouche, terminale, est dirigée en haut quand elle est rétractée. On compte environ 16 dents tricuspides à chaque mâchoire, la pointe médiane est un peu plus longue que les pointes latérales. Il y a 14 écailles en ligne transversale, 18 autour du pédicule caudal. La ligne latérale est invisible. La dorsale débute environ à égale distance de la fente operculaire et de l'origine de la caudale; ses plus longs rayons font la 1/2 ou un peu plus de la 1/2 de la longueur de la tête; son bord supérieur est convexe. L'anale est semblable. La pectorale, arrondie, égale les 2/3 environ de la longueur de la tête. La ventrale mesure la 1/2 de la longueur de la tête; elle commence un petit peu plus près de l'origine de la caudale que du bout du museau. Le pédicule caudal est environ aussi long que haut. La caudale est arrondie.

Chez le mâle, la teinte générale est brun clair avec 9 à 11 barres argentées; la dorsale est noire avec une ligne gris clair à la base; la caudale est barrée de 2 lignes transversales noires, l'anale de 1 ou 2.

Chez la femelle, le dos est grisâtre, le ventre argenté; sur les flancs existent des petites séries de taches brunes disposées en séries longitudinales.

D. II 9; A. I 9; P. I 12-14; V. I 4-5; Sq. L. long. 27-30.

Longueur totale : 48 millimètres.

Ce petit Cyprinodon a un habitat assez vaste qui comprend la Perse, la Syrie et l'Asie-Mineure. En Syrie, M. Henri

Gadeau de Kerville l'a récolté à Ataïbé, à l'est de Damas. En Asie-Mineure, Bela Hanko le mentionne de Beilik, d'Eski-Chéhir et de l'Ak-Gheul.

4. — **Cyprinodon Chantrei** Gaillard.

Cyprinodon Chantrei Gaillard, Arch. Mus. Lyon, VI, 1895, p. 10, fig. 8 et 9 ; Bela Hanko, Fische Klein-Asien, 1924, p. 158.

Cyprinodon Blanfordi Jenkins, Rec. Indian Mus., V, 1910, p. 124, pl. VI, fig. 1 (femelle).

Cyprinodon persicus Jenkins, op. cit., V, 1910, p. 125, pl. VI, fig. 2 (mâle).

Cyprinodon Anatoliæ Leidenfrost, Allattani Közlem., Budapest, XI, 1912, p. 130 et 159, fig. 1 (femelle).

Cyprinodon lykaoniensis Leidenfrost, op. cit., fig. 2 (mâle).

La hauteur du corps est contenue 3 fois 1/2 dans la longueur sans la caudale, la longueur de la tête 4 fois. Le profil supérieur est droit. Le diamètre de l'œil, un peu moins grand que l'espace interorbitaire, fait le 1/3 environ de la longueur de la tête. La bouche, terminale, est dirigée en haut quand elle est rétractée. Les dents des mâchoires sont tricuspides, leurs trois pointes étant exactement de même hauteur. La dorsale débute un peu plus près de l'origine de la caudale que du bord postérieur de l'œil ; ses plus longs rayons font la 1/2 ou un peu plus de la longueur de la tête ; son bord supérieur est convexe. L'anale est analogue. La pectorale est arrondie. La ventrale commence à égale distance du bout du museau et de l'origine de la caudale. Le pédicule caudal est à peine plus long que haut. La caudale est arrondie.

Chez le mâle, la teinte générale est brun violacé avec le ventre argenté ; sur les flancs existent 6 à 8 barres argentées. La dorsale est noire ; la caudale et l'anale sont marquées par 2 ou 3 barres transversales.

Chez la femelle, la teinte générale est brun clair avec le ventre argenté, et sur les côtés des petites taches brunes. La dorsale est brune, les autres nageoires sont claires.

D. II 8-10 ; A. I 8-10 ; P. I 14-17 ; V. I 4 ; Sq. L. long. 27-29. Longueur totale : 39 millimètres.

Les types du Cyprinodon de Chantre proviennent. de la fontaine de Sandarémek, près Évérek (Asie-Mineure). L'espèce a été retrouvée en plusieurs points d'Anatolie.

D'après Bela Hanko, il faut y rapporter les *Cyprinodon Anatoliœ* Leidenfrost et *C. lykaoniensis* Leidenfrost, ainsi que les *C. Blanfordi* Jenkins et *C. persicus* Jenkins, ces derniers provenant de Perse.

ADDENDA

La rédaction de ce travail était terminée lorsque j'ai reçu
de M. le Dr E. Tok, chef du service antipaludique de la
région d'Adana, un petit lot de Poissons recueillis, en avril
et mai 1927, dans les environs de cette localité.

La faune des eaux douces d'Asie-Mineure est ainsi
augmentée d'un genre et de deux espèces qui, de Syrie,
remontent jusqu'à Adana. Ce fait n'a rien de surprenant,
étant donnée la proximité de cette ville de la frontière syrienne.

Ce sont, dans le groupe des Cyprininés, le *Phoxinellus
Kervillei* Pellegrin, forme appartenant à un genre qui vient
se placer auprès des *Rutilus* et des *Rhodeus*, et, dans le
groupe des Cobitidinés, une troisième espèce du genre
Nemachilus, le *N. argyrogramma* Heckel.

Le total des Poissons maintenant connus des rivières
et des lacs d'Asie-Mineure se trouve porté à 37 espèces,
réparties en 21 genres.

PHOXINELLUS Heckel.

Leuciscus part. Cuvier, Règne Anim., II, 1817, p. 194 ; part. Günther,
Cat. Fish., VII, 1868, p. 207 ; part. Boulenger, Cat. Fr. Fish.
Africa, II, 1911, p. 188.

Phoxinellus part. Heckel, Russegger's Reisen, II, 1843, p. 1039 ;
Pellegrin, Bull. Soc. Zool. France, 1911, p. 111 ; Bull. Mus. Paris,
1920, p. 375, et Poiss. Afrique Nord, 1921, p. 145.

Corps moyen, plus ou moins comprimé, recouvert de
petites écailles. Bouche moyenne, terminale, sans lèvres ni
barbillons. Sous-orbitaires étroits ne recouvrant pas la joue
qui est nue. Dents pharyngiennes coniques, plus ou moins
crochues, disposées en une rangée de chaque côté (5 - 5
ou 4). Pseudobranchie présente. Ligne latérale complète ou
incomplète, plus rapprochée du ventre que du dos, mais

devenant médiane, quand elle existe, sur la fin du pédicule caudal. Dorsale sans rayon ossifié, comprenant de 9 à 11 rayons, commençant parfois au-dessus, généralement en arrière des ventrales. Anale courte ou moyenne avec 9 à 14 rayons dont 7 à 11 branchus.

Ce genre, dont il me semble nécessaire de retrancher les espèces complètement dépourvues d'écailles (*Paraphoxinus* Bleeker), est fort voisin des *Phoxinus* Agassiz ou Vairons de nos cours d'eau métropolitains. Certains auteurs, comme A. GÜNTHER et BOULENGER, mettent les *Phoxinellus* dans la synonymie des *Leuciscus* ou Gardons, pris dans un sens large, et VAILLANT ne leur donnait que la valeur d'un sous-genre.

D'autre part, le fait que chez certaines espèces de ces Poissons existe une ligne latérale complète, tandis que, chez d'autres, celle-ci est incomplète ou rudimentaire, peut amener à envisager parmi eux une nouvelle coupe générique ou sous-générique.

En ce cas, il faut reconnaître que les *Phoxinellus* à ligne latérale incomplète sont souvent fort voisins de certaines espèces du genre *Leucaspius* Heckel, tel qu'on l'entend aujourd'hui [1].

1. A ce propos, je crois nécessaire de donner ici la diagnose sommaire de 2 espèces de ce genre, que vient de décrire Mlle Luisa GIANFERRARI, du Musée civique de Milan (*Atti della Soc. Ital. di Scienze Naturali*, LXVI, Pavia, 1927, p. 123 et 124). Elles ne proviennent pas de l'Asie-Mineure continentale, mais des eaux douces de l'Île de Rhodes, toute voisine.

Leucaspius Ghigii Gianferrari.

La hauteur du corps, presque égale à la longueur de la tête, est contenue 3 fois 1/2 à 4 fois dans la longueur sans la caudale. L'œil, dont le diamètre est un peu inférieur à l'espace interorbitaire, est compris 3 fois 1/2 dans la longueur de la tête. La bouche est terminale, oblique ; elle n'atteint pas tout à fait le bord antérieur de l'œil. Les mâchoires sont subégales. Les dents pharyngiennes, unisériées, sont légèrement crochues au sommet, au nombre de 4-4. On compte 3 écailles entre la ligne latérale et la ventrale, 16 autour du pédicule

Sur les 8 espèces qu'on peut rapporter aux *Phoxinellus*, 4 dont une à ligne latérale complète, le *P. Zeregi* Heckel, et 3 à ligne latérale incomplète, habitent l'Asie-Mineure, la Syrie, la Galilée, et 4 à ligne latérale complète la Tunisie et l'Est algérien.

caudal. La ligne latérale, incomplète, s'étend sur 9 à 17 écailles. La dorsale débute plus près du bout du museau que de l'origine de la caudale ou à égale distance de l'un et de l'autre; ses plus longs rayons égalent environ la longueur de la tête. La pectorale, pointue, un peu plus courte que la dorsale, arrive presque à l'origine de la ventrale; celle-ci commence en avant de la dorsale et n'atteint pas l'anus. La caudale est fortement émarginée, à lobes assez pointus.

La coloration est blanchâtre ou jaunâtre, finement pointillée de noir en dessus.

D. II 8; A. II 10; P. I 13; V. I 8; Sq. 9 ½ | 30 | 6 ⅓.

L'espèce a été décrite d'après plusieurs exemplaires atteignant 49 millimètres, récoltés par le Professeur A. Ghigi aux environs de Coschino (rivière dei Mulini) et à Arghiro. Un spécimen m'a été adressé au Muséum de Paris.

Ce Poisson présente certains rapports avec le *Phoxinellus Kervillei* Pellegrin, mais ses écailles sont moins nombreuses en ligne longitudinale, son anale est plus longue, sa caudale un peu moins fourchue. Il se rapproche surtout du *Leucaspius marathonicus* Vinciguerra, de Marathon, en Grèce.

Leucaspius Prosperi Gianferrari.

La hauteur du corps est contenue 3 fois 1/2 environ dans la longueur sans la caudale. L'œil est presque égal à la longueur du museau et est compris 1 fois 1/3 dans l'espace interorbitaire. La bouche est terminale, oblique; elle atteint le bord antérieur de l'œil. Les dents pharyngiennes, disposées en 2 rangées, sont au nombre de 2, 5-5, 2. La ligne latérale, incomplète, s'étend sur 9 à 17 écailles. La dorsale débute plus près de l'origine de la caudale que du bout du museau; sa hauteur est contenue un peu plus d'une fois dans celle du corps. La pectorale, légèrement plus courte que la dorsale, atteint la ventrale; celle-ci commence en avant de la dorsale et n'atteint pas l'anus. La caudale est émarginée.

La coloration est pointillée de noir en dessus, sombre sur les côtés, claire en dessous.

D. II 7; A. II 8; P. I 12; V. I 7; Sq. L. long. 32.

Cette espèce, qui atteint 42 millimètres, provient des environs de Coschino comme la précédente; elle paraît surtout s'en distinguer par ses dents pharyngiennes disposées en 2 séries, au lieu d'une seule.

Phoxinellus Kervillei Pellegrin.

Phoxinellus Kervillei PELLEGRIN, Bull. Soc. Zool. France, 1911, p. 109,
et Voy. zool. Henri Gadeau de Kerville en Syrie, IV, 1923, p. 25,
pl. IV, fig. 1.

La hauteur du corps égale la longueur de la tête et est
contenue 3 fois 1/2 à 4 fois dans la longueur sans la caudale.
L'œil est compris 2 fois 1/2 (très jeune) à 3 fois 1/2 dans la
longueur de la tête; son diamètre égale l'espace interorbitaire
et est supérieur à la longueur du museau. Celui-ci est obtus;
la bouche est terminale, oblique, s'étendant jusqu'au-dessous
du bord antérieur de l'œil ou presque; les mâchoires sont
subégales, l'inférieure plutôt un peu proéminente. Les branchiospines sont courtes, au nombre de 7 à la base du 1er arc
branchial. Les dents pharyngiennes unisériées, crochues,
sont au nombre de 5 - 4. On compte 4 écailles entre la série
correspondant à la ligne latérale et la ventrale, 18 autour
du pédicule caudal. La ligne latérale est incomplète, perçant
12 à 20 écailles, et ne dépasse pas la fin de la dorsale; elle
n'est pas visible chez les très jeunes. La dorsale débute un
peu plus près de l'origne de la caudale que du bout du
museau ; ses plus longs rayons font les 2/3 de la longueur
de la tête ; son bord supérieur est droit ou légèrement
arrondi. L'anale est aussi haute environ que la dorsale et
n'atteint pas la caudale. La pectorale fait environ les 2/3 de
la longueur de la tête et n'arrive pas à la ventrale; celle-ci
commence un peu en avant de la dorsale et n'atteint pas
l'anale. Le pédicule caudal est 1 fois 1/3 à 1 fois 1/2 aussi
long que haut. La caudale est nettement fourchue.

La coloration est brun jaunàtre sur le dos, argentée sur
les côtés avec une bande longitudinale médiane plus sombre,
terminée par un point noir sur la base de la caudale. Toutes
les nageoires sont uniformément grisàtres.

D. III 7-8 ; A. II-III 7-8 ; P. I 12 ; V. I 7 ; Sq. 9-10|37-
42|7-8.

Longueur totale : 46 millimètres.

Cette jolie petite espèce, que je me suis fait un plaisir de dédier à M. Henri GADEAU DE KERVILLE, en 1911, n'était connue jusqu'ici que par les 13 exemplaires types, mesurant de 14 à 44 millimètres de longueur et recueillis par lui dans l'Oronte, près de sa sortie du lac de Homs, à 490 mètres environ d'altitude. Les envois du Dr E. TOK montrent que ce minuscule Poisson se rencontre en Asie-Mineure aux environs d'Adana, à Islahié et Osmanié. Malgré ses faibles dimensions, — le plus grand spécimen envoyé n'a que 46 millimètres de longueur — cette espèce mérite d'attirer l'attention comme destructrice des larves de Moustiques. En Algérie, le Commandant CAUVET[1] cite, en effet, les Phoxinelles comme les meilleurs Poissons culicivores avec les Cyprinodontidés.

Nemachilus argyrogramma Heckel.

Cobitis argyrogramma HECKEL, in Russegger's Reisen, II, 1846, p. 239, pl. XVIII, fig. 3.

Nemachilus argyrogramma GÜNTHER, Cat. Fish., VII, 1868, p. 359; PELLEGRIN, Voy. zool. Henri Gadeau de Kerville en Syrie, IV, 1923, p. 32.

La hauteur du corps égale la longueur de la tête et est comprise 4 fois 1/3 à 4 fois 1/2 dans la longueur sans la caudale. La tête est 1 fois 1/2 aussi longue que large. Le museau est obtus. L'œil est contenu 5 fois environ dans la longueur de la tête, 2 fois dans la longueur du museau, 1 fois 1/2 dans l'espace interorbitaire. Des barbillons du museau, l'interne égale l'œil, l'externe est un peu plus long. Le barbillon de l'angle buccal fait 1 fois 1/2 le diamètre de l'œil. La dorsale débute un peu plus près du bout du museau que de l'origine de la caudale; ses plus longs rayons mesurent les 3/5 environ de la longueur de la tête, son bord supérieur

---

1. Commandant CAUVET, Note sur les Poissons susceptibles d'être utilisés dans la lutte contre le paludisme en dévorant les larves de Moustiques, *Arch. Institut Pasteur Algérie*, III, fasc. 2, juin 1925, p. 146.

est droit ou légèrement arrondi. L'anale, un peu moins haute que la dorsale, n'arrive pas à la caudale. La pectorale fait les 3/4 de la longueur de la tête et dépasse la 1/2 de sa distance à l'origine de la ventrale. Celle-ci s'insère un peu en arrière du début de la dorsale. Le pédicule caudal est 1 fois 1/3 aussi long que haut. La caudale est émarginée.

La coloration générale est blanc jaunâtre avec une dizaine ou une douzaine de barres brunes latérales plus ou moins interrompues par une ligne longitudinale argentée. La tête est brune en dessus, claire en dessous, avec de petits points sombres sur les côtés et une ligne foncée allant souvent de l'œil à l'extrémité du museau. La fin du pédicule caudal est barrée de noir. La dorsale et la caudale sont plus ou moins barrées ou tachetées de couleur sombre.

D. III 8-9 ; A. II 5 ; P. I 9-10 ; V. I 5-6.

Longueur totale : 55 millimètres.

Cette petite espèce a été décrite primitivement d'Alep. Sauvage la mentionne dans l'Euphrate, à Biredjik. M. Henri Gadeau de Kerville l'a trouvée dans l'Oronte. Un exemplaire a été envoyé d'Islahié, près d'Adana, en Asie-Mineure, par le Dr E. Tok.

TABLE DES MATIÈRES

           Pages

Introduction   5

Liste des Poissons signalés jusqu'ici dans les eaux douces d'Asie-Mineure   9

Liste des Poissons rapportés d'Asie-Mineure par M. Henri GADEAU DE KERVILLE, avec l'indication de leurs provenances   15

Étude systématique des Poissons d'Asie-Mineure. .   18

Clef basée sur des caractères externes permettant la répartition, dans les diverses familles ou sous-familles, des Poissons d'Asie-Mineure . . .   23

        I. — SALMONIDÉS   24

I. — *Salmo* Linné   24
      1. *trutta* Linné var. *macrostigma* A. Duméril.   26

        II. — CYPRINIDÉS   28

I. — *Cyprinus* Linné   32
      1. *carpio* Linné   32

II. — *Varicorhinus* Rüppell.   34
      1. *tinca* Heckel.   36
      2. *damascinus* Cuvier et Valenciennes .   38
      3. *fratercula* Heckel   40
      4. *capoeta* Güldenstädt   42
         var. *Angoræ* Bela Hanko . . .   43
      5. *Sieboldi* Steindachner   44
      6. *Holmwoodi* Boulenger.   47

Pages

III. — *Hemigrammocapoeta* Pellegrin 48
    1. *culiciphaga* Pellegrin 49
    2. *Kemali* Bela Hanko 51
       var. *turcica* Bela Hanko 52
IV. — *Barbus* Cuvier 53
    1. *lacerta* Heckel 54
       var. *Escherichi* Steindachner . . 57
       var. *scincus* Heckel 58
    2. *lydianus* Boulenger 58
V. — *Rutilus* Rafinesque 59
    1. *tricolor* Lortet 60
VI. — *Leuciscus* Klein 62
    1. *orientalis* Heckel 63
    2. *berak* Heckel 65
    3. *smyrnæus* Boulenger 66
VII. — *Acanthorutilus* Berg 67
    1. *anatolicus* Bela Hanko 67
VIII. — *Chondrostoma* Agassiz 68
    1. *nasus* Linné 70
    2. *regium* Heckel 73
IX. — *Rhodeus* Agassiz 74
    1. *amarus* Bloch 75
X. — *Aspius* Agassiz 77
    1. *rapax* Pallas 78
XI. — *Alburnus* Heckel 80
    1. *Escherichi* Steindachner 81
XII. — *Alburnoides* Jeitteles 84
    1. *bipunctatus* Bloch var. *smyrnæa* Pellegrin 85
XIII. — *Abramis* Cuvier 88
    1. *elongatus* Agassiz var. *asianus* Steindachner 89
XIV. — *Cobitinula* Bela Hanko 90
    1. *Anatoliæ* Bela Hanko 91

Pages

XV. — *Cobitis* Linné 92
    1. *tœnia* Linné. 93
    2. *simplicispina* Bela Hanko. . . . 96

XVI. — *Nemachilus* Van Hasselt 96
    1. *Angorœ* Steindachner. 98
    2. *Lendli* Bela Hanko. 100

III. — SILURIDÉS 101

I. — *Silurus* Linné 102
    1. *glanis* Linné 102

IV. — ÉSOCIDÉS. 104

I. — *Esox* Linné. 105
    1. *lucius* Linné. 105

V. — CYPRINODONTIDÉS . . . 106

I. — *Cyprinodon* Lacépède 107
    1. *fasciatus* Valenciennes. 109
    2. *cypris* Heckel 112
    3. *Sophiœ* Heckel 113
    4. *Chantrei* Gaillard 115

ADDENDA 117

Phoxinellus Heckel 117
    1. *Kervillei* Pellegrin. 120
Nemachilus argyrogramma Heckel 121

TABLE DES FIGURES

Pages

Fig. 1. — *Tilapia galilæa* Artédi, Cichlidé de Syrie et de l'Afrique tropicale   11

Fig. 2. — *Clarias lazera* Cuvier et Valenciennes, Siluridé de Syrie et de l'Afrique tropicale 12

Fig. 3. — *Salmo trutta* Linné var. *macrostigma* A. Duméril 27

Fig. 4. — *Varicorhinus tinca* Heckel 37

Fig. 5. — Pharyngien inférieur gauche de *Varicorhinus tinca* Heckel, vu par la face interne (grossi 4 fois) 38

Fig. 6. — *Varicorhinus damascinus* Cuvier et Valenciennes 39

Fig. 7. — *Varicorhinus fratercula* Heckel . . . 41

Fig. 8. — *Varicorhinus Sieboldi* Steindachner . . 45

Fig. 9. — Pharyngiens inférieurs de *Varicorhinus Sieboldi* Steindachner (grossis 2 fois). 46

Fig. 10. — Pharyngien inférieur gauche d'*Hemigrammocapoeta culiciphaga* Pellegrin (grossi 24 fois) 50

Fig. 11. — *Barbus lacerta* Heckel var. *Escherichi* Steindachner 55

Fig. 12. — Pharyngien inférieur gauche de *Barbus lacerta* Heckel var. *Escherichi* Steindachner (grossi 4 fois) 57

Pages

Fig. 13. — *Rutilus tricolor* Lortet 61

Fig. 14. — *Leuciscus orientalis* Heckel 63

Fig. 15. — Pharyngien inférieur gauche de *Leuciscus orientalis* Heckel (grossi 4 fois) . 64

Fig. 16. — *Leuciscus berak* Heckel 65

Fig. 17. — *Acanthorutilus anatolicus* Bela Hanko . 69

Fig. 18. — *Chondrostoma nasus* Linné 71

Fig. 19. — Pharyngien inférieur gauche de *Chondrostoma nasus* Linné (grossi 4 fois). 72

Fig. 20. — *Chondrostoma regium* Heckel . . . 73

Fig. 21. — *Aspius rapax* Pallas 79

Fig. 22. — Pharyngien inférieur gauche d'*Alburnus Escherichi* Steindachner (grossi 6 fois). 81

Fig. 23. — *Alburnus Escherichi* Steindachner :
1. Individu à profil supérieur droit;
2. Individu à profil supérieur et à profil inférieur arrondis; 3. Individu à profil supérieur arrondi 83

Fig. 24. — Pharyngien inférieur gauche d'*Alburnoides bipunctatus* Bloch var. *smyrnœa* Pellegrin (grossi 15 fois) 86

Fig. 25. — *Abramis elongatus* Agassiz var. *asianus* Steindachner 89

Fig. 26. — Épines sous-orbitaires gauches, vues de côté et de dessus : 1. *Cobitis tœnia* Linné; 2. *Cobitis simplicispina* Bela Hanko; 3. *Cobitinula Anatoliœ* Bela Hanko (d'après Bela Hanko). . . . 91

Fig. 27. — *Cobitis tœnia* Linné 94

Fig. 28. — Pharyngien inférieur de *Cobitis tœnia* Linné (grossi 15 fois) 94

Pages

Fig. 29. — *Silurus glanis* Linné 103

Fig. 30. — Pharyngiens inférieurs de *Cyprinodon fasciatus* Valenciennes (grossis 11 fois). 108

Fig. 31. — *Cyprinodon fasciatus* Valenciennes, mâle 110

Fig. 32. — *Cyprinodon fasciatus* Valenciennes, femelle 111

EXPLICATION DES PLANCHES

Planche I

Fig. 1. — *Hemigrammocapoeta culiciphaga* Pellegrin.

Fig. 2. — *Rhodeus amarus* Bloch.

Fig. 3. — *Alburnus Escherichi* Steindachner.

Fig. 4. — *Varicorhinus Sieboldi* Steindachner, microstome.

Fig. 5. — *Alburnoides bipunctatus* Bloch var. *smyrnœa*
Pellegrin.

Planche II

Fig. 1. — *Nemachilus Angorœ* Steindachner, 1er type de
coloration.

Fig. 2. — *Nemachilus Angorœ* Steindachner, 2e type de
coloration.

Fig. 3. — *Nemachilus Angorœ* Steindachner, 3e type de
coloration.

Fig. 4. — *Nemachilus Lendli* Bela Hanko, mâle.

Fig. 5. — *Nemachilus Lendli* Bela Hanko, femelle.

Fig. 6. — *Cobitis tænia* Linné.

Nota. — Tous ces Poissons sont représentés en grandeur naturelle.

INDEX ALPHABÉTIQUE DES NOMS SCIENTIFIQUES

Cet index comprend tous les noms employés ou cités dans la partie systématique. Les noms français des familles et sous-familles sont indiqués en PETITES CAPITALES, les noms latins des genres, sous-genres, espèces et variétés en *italiques*. Chaque nom est suivi du numéro de la page ou des pages où il est mentionné.

	Pages
Abramis	88
— *asianus*	89
— *bipunctatus*	85
— *elongatus*	89
— *fasciatus*	85
— *melanops*	89
Acanthopsis	92
— *caspia*	93
— *tœnia*	93
Acanthorutilus	67
— *anatolicus*	67
Alburnoides	84
— *bipunctatus*	85
— *maculatus*	85
— *smyrnœa*	85
Alburnus	80, 84
— *bipunctatus*	85
— *Escherichi*	81
amarus (*Cyprinus*)	75
— (*Rhodeus*)	75
Anatoliæ (*Cobitinula*)	91
— (*Cyprinodon*)	115
anatolicus (*Acanthoruti-lus*)	67
— (*Cyprinus*)	33

	Pages
Angoræ (*Nemachilus*)	98
— (*Varicorhinus*)	43
Aphanius	107
— *fasciatus*	109
— *nanus*	109
argyrogramma (*Cobitis*)	121
— (*Nemachi-lus*)	97, 121
asianus (*Abramis*)	89
Aspius	77
— *aspius*	78
— *bipunctatus*	85
— *fasciatus*	85
— *rapax*	78
aspius (*Aspius*)	78
— (*Cyprinus*)	78
— (*Leuciscus*)	78
Baldneri (*Leuciscus*)	85
Barbus	53
— *Escherichi*	57
— *lacerta*	54, 58
— *lydianus*	58
— *scincus*	58
— *tauricus*	57
Barynotus	53

Pages

berak (*Leuciscus*) 65
— (*Squalius*) 65
bipunctatus (*Abramis*). . 85
— (*Alburnoides*) 85
— (*Alburnus*) . 85
-- (*Aspius*) . . 85
— (*Cyprinus*) . 85
— (*Leuciscus*) . 85
— (*Spirlinus*) . 85
Blanfordi (*Cyprinodon*). 115
calaritana (*Lebias*) . . . 109
— (*Pœcilia*) . . 109
calaritanus (*Cyprinodon*) 109
Capoeta 35, 53
— fratercula . . . 40
— fundulus . . . 42
— gracilis 44
— Holmwoodi . . . 47
— socialis 39
capoeta (*Cyprinus*) . . . 42
— (*Scaphiodon*) . . 38
— (*Varicorhinus*) . 42
carpio (*Cyprinus*) . . . 33
caspia (*Acanthopsis*) . . 93
— (*Cobitis*) 93
Chantrei (*Cyprinodon*) . 115
chebiensis (*Scaphiodon*) . 38
Cheilobarbus 53
Chondrochilus regius . . 73
Chondrostoma . . . 35, 68
— nasus . . 70
— regia . . . 73
— regium . . 73
COBITIDINÉS 29
Cobitinula 90

Pages

Cobitinula Anatoliœ . . 91
Cobitis 92, 96
— argyrogramma . . 121
— caspia 93
— elongata 93
— simplicispina . . 96
— tœnia 93
— turcica 93
coriaceus (*Cyprinus*) . . 32
cristallodon (*Lebias*) . . 113
Cristivomer 25
culiciphaga (*Hemigram-
mocapoeta*) 49
cyanogaster (*Cyprinodon*) 109
CYPRINIDÉS 28
CYPRININÉS 29
Cyprinodon 107
— Anatoliœ . . 115
— Blanfordi . . 115
— calaritanus . 109
— Chantrei . . 115
— cyanogaster . 109
— cypris . . . 112
— dispar . . . 109
— doliatus . . 109
— fasciatus . . 109
— Hammonis . 109
— lykaoniensis 115
— mento . . . 112
— moseas . . . 109
— persicus . . 115
— Sophiœ . . . 113
CYPRINODONTIDÉS 106
Cyprinus 32
— amarus 75

	Pages
Cyprinus anatolicus	33
— *aspius*	78
— *bipunctatus*	85
— *capoeta*	42
— *carpio*	32
— *coriaceus*	32
— *fundulus*	42
— *nasus*	70
— *nudus*	32
— *rapax*	78
cypris (Cyprinodon)	112
— *(Lebias)*	112
damascina (Capoeta)	38
damascinus (Gobio)	38
Dillonia	35
Diplophysa	97
dispar (Cyprinodon)	109
doliatus (Cyprinodon)	109
elongata (Cobitis)	93
elongatus (Abramis)	89
Enteromius	53
Escherichi (Alburnus)	81
— *(Barbus)*	57
Ésocidés	104
Esox	105
— *lucius*	105
Fario	25
fario (Salmo)	26
fasciatus (Abramis)	85
— *(Aphanius)*	109
— *(Aspius)*	85
— *(Cyprinodon)*	109
— *(Lebias)*	109
flava (Lebias)	109
fratercula (Capoeta)	40

	Pages
fratercula (Scaphiodon)	40
— *(Varicorhinus)*	40
fundulus (Capoeta)	42
— *(Cyprinus)*	42
Gardonus	59
Ghigii (Leucaspius)	118
glanis (Silurus)	102
Gobio damascinus	38
gracilis (Capoeta)	44
Gymnostomus	35
Hammonis (Cyprinodon)	109
Hemigrammocapoeta	48
— *culiciphaga*	49
— *Kemali*	51
— *turcica*	52
Hemigrammopuntius	53
Holmwoodi (Capoeta)	47
— *(Varicorhinus)*	47
Hucho	25
Hypsifario	25
insignis (Nemachilus)	97
Kemali (Hemigrammoca- poeta	51
— *(Varicorhinus)*	51
Kervillei (Phoxinellus)	120
Labeobarbus	53
lacerta (Barbus)	54, 58
Lapasseti (Salar)	26
Lebias	107
— *calaritana*	109
— *cristallodon*	113
— *cypris*	112
— *fasciatus*	109
— *flava*	109
— *lineopunctata*	109

	Pages
Lebias mento	112
— *punctatus*	113
— *sarda*	109
— *Sophiæ*	113
Lendli (Nemachilus)	100
leopardus (Nemachilus)	97
Leucaspius Ghigii	118
— *Prosperi*	119
Leuciscus	59, 62, 117
— *aspius*	78
— *Baldneri*	85
— *berak*	65
— *bipunctatus*	85
— *orientalis*	63
— *pursakensis*	63
— *smyrnæus*	66
— *tricolor*	60
Leucos	59
lineopunctata (Lebias)	109
Luciobarbus	53
Lucius lucius	105
lucius (Esox)	105
— *(Lucius)*	105
lydianus (Barbus)	58
lykaoniensis (Cyprinodon)	115
macrostigma (Salar)	26
— *(Salmo)*	26
maculatus (Alburnoides)	85
melanops (Abramis)	89
mento (Cyprinodon)	112
— *(Lebias)*	112
Micromugil	107
moseas (Cyprinodon)	109
nanus (Aphanius)	109
nasus (Chondrostoma)	70

	Pages
nasus (Cyprinus)	70
Nemachilus	96
— *Angoræ*	98
— *argyrogramma*	97, 121
— *insignis*	97
— *Lendli*	100
— *leopardus*	97
— *panthera*	97
nudus (Cyprinus)	32
Oncorhynchus	25
Onychostoma	35
orientalis (Leuciscus)	63
— *(Squalius)*	63
panthera (Nemachilus)	97
persicus (Cyprinodon)	115
Phoxinellus	117
— *Kervillei*	120
Pœcilia calaritana	109
Prosperi (Leucaspius)	119
Pseudobarbus	53
Pterocapoeta	35
punctatus (Cyprinodon)	114
— *(Lebias)*	113
Puntius	53
pursakensis (Leuciscus)	63
rapax (Aspius)	78
— *(Cyprinus)*	78
regia (Chondrostoma)	73
regium (Chondrostoma)	73
regius (Chondrochilus)	73
Rhodeus	74
— *amarus*	75
rostratus (Scaphiodon)	38
Rutilus	59

		Pages
Rutilus tricolor	. . . . .	60
Salar	. . . .	25
— *Lapasseti*	. . . .	26
— *macrostigma*	. . .	26
Salmo	. . . .	24
— *fario*	. . . . . .	26
— *macrostigma*	. . .	26
— *trutta*	. . . . .	26
SALMONIDÉS	. . . . . .	24
Salvelinus	. . . . . .	25
sarda (*Lebias*)	. . . . .	109
Scaphiodon	. . . . . .	35
— *capoeta*	. .	38
chebiensis	.	38
fratercula	. .	40
— *rostratus*	. .	38
Sieboldi	. . .	44
— *socialis*	. .	38
scincus (*Barbus*)	. . . .	58
Sieboldi (*Scaphiodon*)	. .	44
— (*Varicorhinus*)	.	44
SILURIDÉS	. . . .	101
Silurus	. . . .	102
— *glanis*	. . . .	102
simplicispina (*Cobitis*)	. .	96
smyrnæa (*Alburnoides*)	.	85
smyrnæus (*Leuciscus*)	. .	66
socialis (*Capoeta*)	. . .	39
— (*Scaphiodon*)	. .	38
Sophiæ (*Cyprinodon*)	. .	113

		Pages
Sophiæ (*Lebias*)	. . .	113
Spirlinus	. . . .	84
— *bipunctatus*	.	85
Squalius	. . . .	62
— *berak*	. . . . .	65
— *orientalis*	. . .	63
Systomus	. . . .	53
tænia (*Acanthopsis*)	. . .	93
— (*Cobitis*)	. . . .	93
tauricus (*Barbus*)	. . . .	57
tinca (*Capoeta*)	. . . . .	36
— (*Scaphiodon*)	. . .	36
— (*Varicorhinus*)	. .	36
tricolor (*Leuciscus*)	. . .	60
— (*Rutilus*)	. . . .	60
Trutta	. . . .	25
trutta (*Salmo*)	. . . . .	26
turcica (*Cobitis*)	. . . .	93
— (*Hemigrammoca-poeta*)	. . . .	52
turcicus (*Varicorhinus*)	.	52
Umbla	. . . .	25
Varicorhinus	 34,	48
— *Angoræ*	. .	43
— *capoeta*	. .	42
— *damascinus*		38
— *fratercula*	.	40
— *Holmwoodi*	.	47
— *Sieboldi*	. .	44
— *tinca*	. . .	36

ÉTUDE

sur les

BATRACIENS

et les

REPTILES

rapportés par M. Henri Gadeau de Kerville
de son voyage zoologique en Asie-Mineure

(AVRIL-MAI 1912)

PAR

G. A. BOULENGER [1]

Membre de la Société Royale de Londres
Correspondant de l'Institut de France

M. Henri GADEAU DE KERVILLE m'a confié l'examen des Batraciens et des Reptiles qu'il avait rapportés d'Asie-Mineure. Les Batraciens étaient représentés par quatre espèces et les Reptiles par dix-sept [2]. J'en ai fait l'étude suivante dont plusieurs causes ont retardé jusqu'alors la publication.

1. Reproduction intégrale de l'étude que j'ai publiée dans le Bulletin de la Société des Amis des Sciences naturelles de Rouen, ann. 1924 et 1925, p. 29 ; tirés à part, Rouen. Lecerf fils, 1924, (pagination spéciale). J'ai corrigé, en 1927, les épreuves de cette reproduction.

2. M. Henri GADEAU DE KERVILLE tenait à recueillir, pendant son voyage zoologique en Asie-Mineure, des animaux appartenant à des groupes très variés, ce qui explique pourquoi la collection herpétologique qu'il a rapportée n'est pas plus nombreuse. Cependant, elle eût été plus importante si la maladie ne l'avait contraint, à son très vif regret, d'abréger son voyage zoologique.

BATRACHIA.

ECAUDATA.

BUFONIDÆ.

Bufo viridis Laur.

De nombreux individus, dont aucun adulte, de la région d'Angora.

Chez ces jeunes individus, la palmure des orteils est aussi courte que chez le *B. calamita* Laur., et il y a parfois un grand amas glandulaire sur la jambe, semblable aux parotoïdes. Mais l'articulation tarso-métatarsienne atteint le tympan ou l'œil, et le caractère diagnostique des tubercules sous-articulaires simples aux orteils est constant.

HYLIDÆ.

Hyla arborea L.

Deux individus de la région d'Angora.

RANIDÆ.

Rana esculenta L. var. ridibunda Pall.

Nombreux individus des régions de Smyrne et d'Angora.

Les individus de la région de Smyrne présentent tous les caractères essentiels de la var. *ridibunda*, mais ils sont de taille relativement minime, et le museau est généralement plus pointu, comme chez la forme type du *Rana esculenta*. Suivent les mensurations des plus grands exemplaires.

(1)	1	2	3	4	5
Mâle	65	33	33	9	3
—	55	30	28	7	2
—	54	26	26	7	2 1/2

1, 1. Longueur du museau à l'anus (en millimètres). — 2. Tibia. — 3. Pied. — 4. Premier orteil. — 5. Tubercule métatarsien interne.

	1	2	3	4	5
Mâle	52	26	25	7	2
—	50	25	25	6 1/2	2
—	49	24	24	7	2
Femelle	76	37	36	10	3
—	63	33	31	9	3
—	61	31	29	8	2 1/2
—	55	27	28	8	2 1/2
—	52	25	25	6	2
—	50	27	26	7	2 1/2

Par leur forte taille et la forme du museau, les individus de la région d'Angora sont absolument semblables au *R. ridibunda* de Pallas ; mais, chez certains d'entre eux (⋆), les talons ne chevauchent pas ; ils répondent à la var. *susana* Blgr., que je ne crois plus pouvoir maintenir.

	1	2	3	4	5
Mâle	96	45	45	14	5
—	93	45	45	13	4
—	88	43	43	13	4
— ⋆	87	43	43	12	4
—	83	42	42	12	3 1/2
—	80	41	40	11	3 1/2
—	80	41	41	11	4

	1	2	3	4	5
Mâle	77	39	39	12	3 1/2
—	65	32	32	9	3
Femelle ★	109	49	50	14	6
— ★	105	45	45	14	5
— ★	99	44	47	14	5
—	84	43	43	13	4

Ces séries, à elles seules, suffisent à démontrer l'inanité de certains caractères invoqués par BOLKAY et copiés par SCHREIBER à l'appui de la distinction spécifique du *R. ridibunda*. Je note, en effet, que les séries de dents vomériennes dépassent rarement en arrière le niveau des choanes; que la largeur interorbitaire peut égaler la moitié ou même les deux tiers de la largeur de la paupière supérieure; que l'articulation tibio-tarsienne peut ne pas dépasser l'œil (le membre étant replié en avant), même chez des mâles. Dans le cas présent, on ne peut invoquer l'hybridité pour se débarrasser de ces difficultés, qui réduisent à bien peu de chose les descriptions si imposantes à l'aide desquelles l'école du fractionnement des espèces s'efforce de nous rallier à ses vues; car, dans la région de Smyrne comme dans la région d'Angora, il n'existe qu'une seule forme de Grenouille aquatique, qu'on peut tout au plus séparer comme variété ou sous-espèce du *Rana esculenta* de Linné.

CAUDATA.

SALAMANDRIDÆ.

Molge vulgaris L.

Un individu de la région de Smyrne.

Femelle en tenue de terre. Il est donc impossible de décider si cet unique individu doit être rapporté à la forme type ou à la var. *meridionalis* Blgr.

REPTILIA.

CHELONIA.

TESTUDINIDÆ.

Emys orbicularis L.

Trois individus de la région d'Angora.

Clemmys caspica Gm.

Un jeune de la région de Smyrne (var. *rivulata* Val.) et onze individus de la région d'Angora, dont quatre se rapportent à la forme type et les autres à la var. *rivulata*.

C'est la première fois que la présence des deux formes, nettement caractérisées, est signalée dans le même district; la forme type n'avait pas encore été rencontrée en Asie-Mineure. Aux caractères distinctifs énumérés par moi et plus tard par Siebenrock, il convient d'ajouter la présence, chez la forme type, de bandelettes verticales jaunes sur l'arrière des cuisses, bandelettes qui font constamment défaut chez les individus de la var. *rivulata*.

Comme l'a fait observer Siebenrock (Ann. Naturh. Mus. Wien, XXVII, 1913, p. 189), Schreiber, dans la nouvelle édition de son *Herpetologia Europæa* (1912), est venu de nouveau embrouiller la question des formes du *Clemmys caspica*, que j'avais tirée au clair en 1889.

Testudo ibera Pall.

Plusieurs individus de la région d'Angora. Chez chacun d'eux, la cinquième plaque vertébrale n'excède pas la troisième en largeur, contrairement à la figure donnée par Schreiber dans la nouvelle édition de son ouvrage. La carapace du plus grand, une femelle, mesure 22 centimètres. Un jeune (carapace, 7 centimètres) est remarquable en ce qu'il a six plaques vertébrales et, à gauche, cinq costales et onze marginales ; à droite, les plaques sont normales : quatre costales et dix marginales.

LACERTILIA.

GECKONIDÆ.

Hemidactylus turcicus L.

Un jeune individu trouvé sous une pierre dans la région de Smyrne.

AGAMIDÆ.

Agama ruderata Oliv.

Un individu de la région d'Angora.

Connue de Syrie, de Mésopotamie, de Perse et d'Arabie, cette espèce n'avait encore été citée d'Asie-Mineure (Cappadocie) que par WERNER (Jahresb. Nat. Ver. Magdeburg für 1896-1897, p. 7).

Agama stellio L.

Un jeune individu de la région de Smyrne.

ANGUIDÆ.

Ophisaurus apus Pall.

Un individu de la région de Smyrne.

AMPHISBÆNIDÆ.

Blanus Strauchii Bedr.

Deux individus trouvés sous des pierres dans la région de Smyrne.

LACERTIDÆ.

Lacerta viridis Laur. var. strigata Eichw.

Trois individus de la région d'Angora.

Ce Lézard avait été rapporté par STEINDACHNER à la var. *major* Blgr. dont il se rapproche. [Voir BOULENGER, *Monograph Lacertidæ*, I (1920), p. 84].

Lacerta parva Blgr.

Dix individus de la région d'Angora, au sujet desquels j'ai donné des détails dans un travail publié en 1916 (Transact. Zool. Soc. London, XXI).

Ophiops elegans Ménétr.

Nombreux individus des régions de Smyrne et d'Angora. Quoique appartenant à un genre bien différent, ce Lézard ressemble d'une façon frappante, par sa forme et sa coloration, à l'espèce précédente.

OPHIDIA.

TYPHLOPIDÆ.

Typhlops vermicularis Merr.

Un individu trouvé sous une pierre dans la région de Smyrne et quatre trouvés sous des pierres dans la région d'Angora. Le plus grand a une longueur de 24 centimètres.

BOIDÆ.

Eryx jaculus L.

Une femelle et deux jeunes de la région de Smyrne.

(¹)	1	2	3	4	5	6	7	8
Femelle	45	175	21	6	3	9	10	1
Jeune	45	174	21	5	3	10	10-9	1
—	43	171	20	5	3	10-9	10-9	1

(1) 1. Séries d'écailles. — 2. Ventrales. — 3. Sous-caudales. — 4. Écailles d'un œil à l'autre sur la région frontale. — 5. Séries d'écailles entre les nasales et l'œil. — 6. Écailles autour de l'œil. — 7. Labiales supérieures. — 8. Séries d'écailles entre l'œil et les labiales.

Le brun constitue le fond de la couleur du dos, sur laquelle se détache un dessin jaunâtre sous forme de taches paires ou impaires ou de barres transversales. D'un blanc jaunâtre en dessous, avec de petites taches brunes.

COLUBRIDÆ.

Tropidonotus natrix L.

Plusieurs individus de la région d'Angora, appartenant à la forme type ou pourvus des deux lignes claires de la var. *persa* Pall., mais plus ou moins effacées. Le collier noir est ininterrompu ou très étroitement interrompu au milieu. Chez quatre individus, la plaque anale est semidivisée.

Tropidonotus tessellatus Laur.

Plusieurs individus de la région de Smyrne. L'un d'eux, une femelle, est remarquable en ce que les plaques nasales se rencontrent derrière la rostrale, formant une courte suture médiane. Comme toujours chez les sujets d'Asie-Mineure, la quatrième labiale seule borde l'œil, et la sus-oculaire supérieure ne touche pas à la temporale antérieure.

Zamenis gemonensis Laur.

Quatre individus, trois adultes et un jeune, de la région d'Angora. Ils appartiennent à la forme, grande et robuste, connue sous le nom de var. *caspius* Gm. ou *trabalis* Pall. Le jeune (ventrales 200 ; caudales 104), dont la livrée diffère assez considérablement de celle de la forme type et de la var. *viridiflavus* Lacép., répond à la var. *persica* Jan, provenant de Téhéran. Le mâle (v. 200 ; c. 103), ainsi qu'une des femelles (v. 206 ; c. ?), ne se distingue en rien de la Couleuvre figurée pour la première fois par Ivan Lepechin ; mais, par contre, la seconde femelle (v. 210 ; c. 84) étant uniformément brune, sans les lignes claires le long du milieu des écailles, je ne vois pas comment il est possible de distinguer un tel échantillon d'un *Zamenis gemonensis* uniforme, tel qu'on en rencontre parfois dans le Nord de l'Italie.

Tous ces spécimens ont 19 rangées d'écailles, mais j'en compte 21 chez une femelle de la var. *caspius*, de Comana (Roumanie), faisant partie de la collection du British Museum.

Contia collaris Ménétr. var. modesta Martin.

Trois individus de la région de Smyrne et quatre de la région d'Angora.

(1)			1	2	3	4	5
a	Mâle	Région de Smyrne	370	?	17	172	?
b	Femelle	—	355	75	17	185	65
c	—	—	315	75	17	175	72
d	—	Région d'Angora	375	78	17	183	61
e	—	—	310	60	17	179	59
f	—	—	245	46	17	178	57
g	Jeune	—	145	33	17	180	76

Par le nombre des écailles, tous ces individus s'accordent avec la définition du *C. modesta*, mais les individus *e* et *f* ont les plaques mentonnières postérieures en contact, caractère qui a été considéré comme propre au *C. collaris*. Je reste donc dans le doute en ce qui concerne la validité spécifique du *C. modesta*.

D'après les 36 individus que j'ai pu examiner, les formules sont les suivantes pour l'écaillure des deux formes :

(1) 1. Longueur totale (en millimètres) — 2. Longueur de la queue. — 3. Nombre de rangées d'écailles. — 4. Nombre de ventrales. — 5. Nombre de sous-caudales.

C. collaris : 15 ; 150-164 ; 53-62.

C. modesta : 17 (15) ; 150-185 ; 55-78.

Les formules de Strauch (*Schlangen des Russ. Reichs*, p. 268), prises sur 14 individus, semblaient par contre justifier la distinction spécifique :

C. collaris : 15 ; 152-173 ; 42-58.

C. modesta : 17 ; 174-190 ; 59-71.

Plus récemment, Elpatjevsky (Ann. Mus. Zool. St.-Pétersb., VII, 1902, p. 234) relève les nombres suivants sur 38 individus :

C. collaris : 15 ; 147-173 ; 44-60.

C. modesta : 17 ; 165-187 ; 56-73.

NOTE

sur les

MAMMIFÈRES

rapportés d'Asie-Mineure par M. Henri Gadeau de Kerville

PAR

Max KOLLMANN [1]

La faune de l'Asie-Mineure, encore incomplètement connue [2], est remarquable par son caractère composite. D'une part, cette région présente un ensemble assez varié de conditions géographiques et climatologiques ; d'autre part, elle est située au voisinage immédiat de la Caucasie, c'est-à-dire du point de contact des faunes de l'Europe orientale, de la Perse et de l'Afrique, par l'intermédiaire de l'Arabie et de la Syrie. C'est à ce point de vue que sont intéressantes les quelques espèces que nous avons à mentionner.

[1]. Reproduction intégrale de la note que j'ai publiée dans le Bulletin du Muséum national d'Histoire naturelle de Paris, année 1918, n° 4, p. 201 ; tirés à part, (même pagination que celle du Bulletin). J'ai corrigé, en 1927, les épreuves de cette reproduction.

M. Henri GADEAU DE KERVILLE tenait à recueillir, pendant son voyage zoologique en Asie-Mineure, des animaux appartenant à des groupes très variés, ce qui explique pourquoi la collection mammalogique qu'il a rapportée ne contient que bien peu de spécimens. Cependant, elle eût été plus importante si la maladie ne l'avait contraint, à son très vif regret, d'abréger son voyage zoologique.

[2]. Les naturalistes anglais n'ont fait connaître que la faune de la Syrie et de la Judée.

Erinaceus europaeus transcaucasicus Satunin.

C'est une des plus grandes formes de l'espèce *E. europaeus* L. La description de Satunin[1] s'applique très exactement aux spécimens que nous avons examinés.

Piquants de la région dorsale de 28 à 32 millimètres de longueur, *lisses, cannelés*, complètement dépourvus de perles saillantes, jaune clair dans toute leur étendue, sauf un étroit anneau brun subterminal. Tête couverte de poils bruns, de même que les quatre membres; gorge, poitrine, ventre, blanc sale.

Comme le fait remarquer Satunin, l'ensemble des caractères crâniens rattache d'une façon certaine le Hérisson de la Transcaucasie à l'*E. europaeus* type, et le distingue en même temps de la forme roumaine *E. europaeus roumanicus* Barrett-Hamilton.

Parmi les caractères dentaires qui définissent assez bien l'*E. europaeus transcaucasicus*, citons la présence de deux tubercules, l'un antérieur, l'autre postérieur, à la base de la canine supérieure, et la taille relative de la première prémolaire supérieure qui est au moins deux fois aussi longue que la seconde incisive.

Dimensions, mâle adulte : Longueur de la tête et du corps, 240 millimètres. Longueur du pied postérieur, 41 millimètres. Longueur de la plus longue griffe (2ᵉ), 11 millimètres. Longueur du pied antérieur, 30 millimètres.

Dimensions du crâne : Longueur maxima, 61 millimètres. Longueur condylo-basale, 61 millimètres. Longueur basilaire, 54 millimètres. Largeur zygomatique, 37,5 millimètres. Largeur interorbitaire, 16 millimètres. Longueur palatine, 33 millimètres.

E. europaeus est réparti, en Europe, depuis la Scandinavie jusqu'à la région méditerranéenne (Espagne, Italie, Crète), et, vers l'est, dans toute la Russie jusqu'en Transcaucasie

1. *Mitth. Kauk. Mus.*, 1907, III, p. 8.

(monts du Talysch)[1]. La présence d'*E. europaeus trans-caucasicus* en Asie-Mineure rattache la forme de cette région à celle de l'Europe.

Muséum de Paris, 5 sp., n° 1917-34, alcool.

Vulpes Alpherakyi Satunin.

SATUNIN[2] a donné le nom de *Vulpes Alpherakyi* à un Renard, très répandu dans les steppes transcaucasiennes, qu'il avait d'abord assimilé à *V. leucopus* Pallas des déserts de l'Inde, de l'Asie centrale, de la Perse et de l'Arabie.

Le système de coloration est, en effet, sensiblement le même, y compris diverses particularités, comme l'existence d'une tache blanche derrière chaque épaule. La présente espèce diffère cependant du *V. leucopus* par quelques caractères, surtout par une décoloration générale très marquée, qui est propre aux animaux des pays dépourvus de végétation arborescente.

RADDE[3] avait déjà distingué cette forme sous le nom de *Vulpes melanotus ;* cette désignation spécifique étant préoccupée, on doit lui substituer celle qu'a créée SATUNIN.

M. Henri GADEAU DE KERVILLE a rapporté de l'Anatolie un spécimen d'une teinte générale fauve pâle, couleur de sable, presque blanche en certains points, qui appartient certainement à *Vulpes Alpherakyi*. (Le crâne manque).

Tête d'un blanc jaunâtre dans son ensemble, un peu plus fauve sur la ligne médiane, sur le nez et autour des yeux. Lèvres et joues entièrement blanches.

---

1. La steppe Mugan est sur le versant nord du massif du Caucase ; la région du Talysch est au sud de ce massif ; ces deux contrées sont sur le littoral de la Caspienne.

2. *Mitth. Kauk. Mus.*, 1907, III, p. 62.

3. *Fauna Flora Caspi*, 1886, p. 5.

Gorge et poitrine couvertes d'un duvet cendré et de jarres blanches formant un ensemble grisàtre. Le blanc pur réapparaît sur le ventre.

Régions dorsales également couvertes de duvet cendré, mais entremêlé de jarres parfois noires, le plus souvent fauve clair à pointe blanche ou entièrement blanches. Le cou et les épaules fauve clair, varié de brun par places; le reste du dos fauve très clair. La teinte est plus foncée sur la ligne médiane et se décolore progressivement sur les côtés jusqu'à former en arrière des épaules, où les poils sont entièrement blancs, une large tache tout à fait caractéristique, à laquelle nous avons déjà fait allusion. Oreilles de longueur moyenne, blanches en dedans, noires en dehors.

Membres antérieurs et postérieurs d'un roux brillant en avant, brun jaunâtre en arrière et en dedans. Queue presque entièrement couverte de longs poils d'un fauve clair varié ça et là de pinceaux roux ou noirâtres, principalement à la base et à la face dorsale.

Dimensions : Longueur de la tête et du corps, 700 millimètres. Longueur de la queue, y compris le faisceau terminal, 450 millimètres. Longueur des oreilles, 90 millimètres.

Cette forme est remarquable par ses teintes d'un fauve pâle, comme décolorées, caractère évidemment en rapport avec son habitat particulier. C'est, en effet, un hôte des régions plus ou moins désertiques, très répandu, d'après Satunin, dans la steppe Mugan.

D'autre part, *V. Alpherakyi* Satunin est, sans conteste, étroitement apparenté à *V. leucopus* Pallas. Ce dernier est exclusivement asiatique. Le spécimen que nous avons examiné provient d'Anatolie et témoigne ainsi des affinités partiellement orientales de la faune de cette région.

Muséum de Paris, 1 sp., n° 1917-37, peau.

Mus musculus gentilis Brants.

Cette sous-espèce bien connue est caractérisée par ses teintes fauves, son ventre blanc, sa longue queue. On

la rencontre en Égypte, Abyssinie, Caucase, Asie-Mineure
(SATUNIN).

Lepus cyrensis Satunin.

Ce Lièvre est remarquable par ses faibles dimensions et
par ses teintes claires, couleur de sable. C'est vraiment, à
ce point de vue, un animal des régions chaudes et désertiques.
Il n'est pas rare dans la steppe Mugan (SATUNIN).

Dessus de la tête et dos couverts de poils fauves terminés
par un anneau noir avec la pointe jaune clair. L'ensemble est
brun clair, tiqueté de fauve, plus grisâtre dans la région
postérieure et sur les côtés de la tête. Lèvre inférieure et
menton blancs. Gorge, faces inférieure et latérales du cou
roux clair; le reste de la face ventrale est d'un blanc pur,
de même que la face interne des membres. Face antérieure
du bras, de l'avant-bras et de la main de la même teinte que
le cou. Faces latérales et postérieure de la jambe grises.
Pied entièrement gris. Oreilles relativement courtes, presque
blanches en dedans, sauf sur le bord externe; côté dorsal
roux brunâtre sur la moitié interne, blanc sur la moitié
externe; pointe noire sur une longueur de deux centimètres.
Queue noire en dessus, blanche en dessous et sur les côtés.

Dimensions : Longueur de la tête et du corps, 310 millimètres. Longueur de l'oreille, 86 millimètres. Longueur du
pied postérieur, 116 millimètres.

Le crâne ne présente pas de particularités bien saillantes.
Ses dimensions sont naturellement en rapport avec la faible
taille de l'animal.

Longueur condylo-basale, 57 millimètres. Longueur basilaire, 52 millimètres. Longueur maxima, 69 millimètres.
Largeur zygomatique, 38 millimètres.

SATUNIN [1] compare avec raison *Lepus cyrensis* Satunin à
Lepus caspius Ehrenberg [2]. Ainsi comprise, cette espèce est

1. *Mitth. Kauk. Mus.*, 1907, III, p. 82.
2. *Symbolæ Physicæ*, 1828, fol. 9.

répartie dans la Russie méridionale, de la région d'Astrakhan jusqu'en Transcaucasie (steppe Mugan, monts du Talysch) et jusqu'à la Caspienne.

Le spécimen que nous avons examiné provient de la région d'Angora, en Anatolie. C'est donc, en Asie-Mineure, un représentant de la faune de l'Europe orientale.

Muséum de Paris, 1 sp., n° 1917-42; peau et crâne.

ROUEN

IMPRIMERIE LECERF FILS

1928

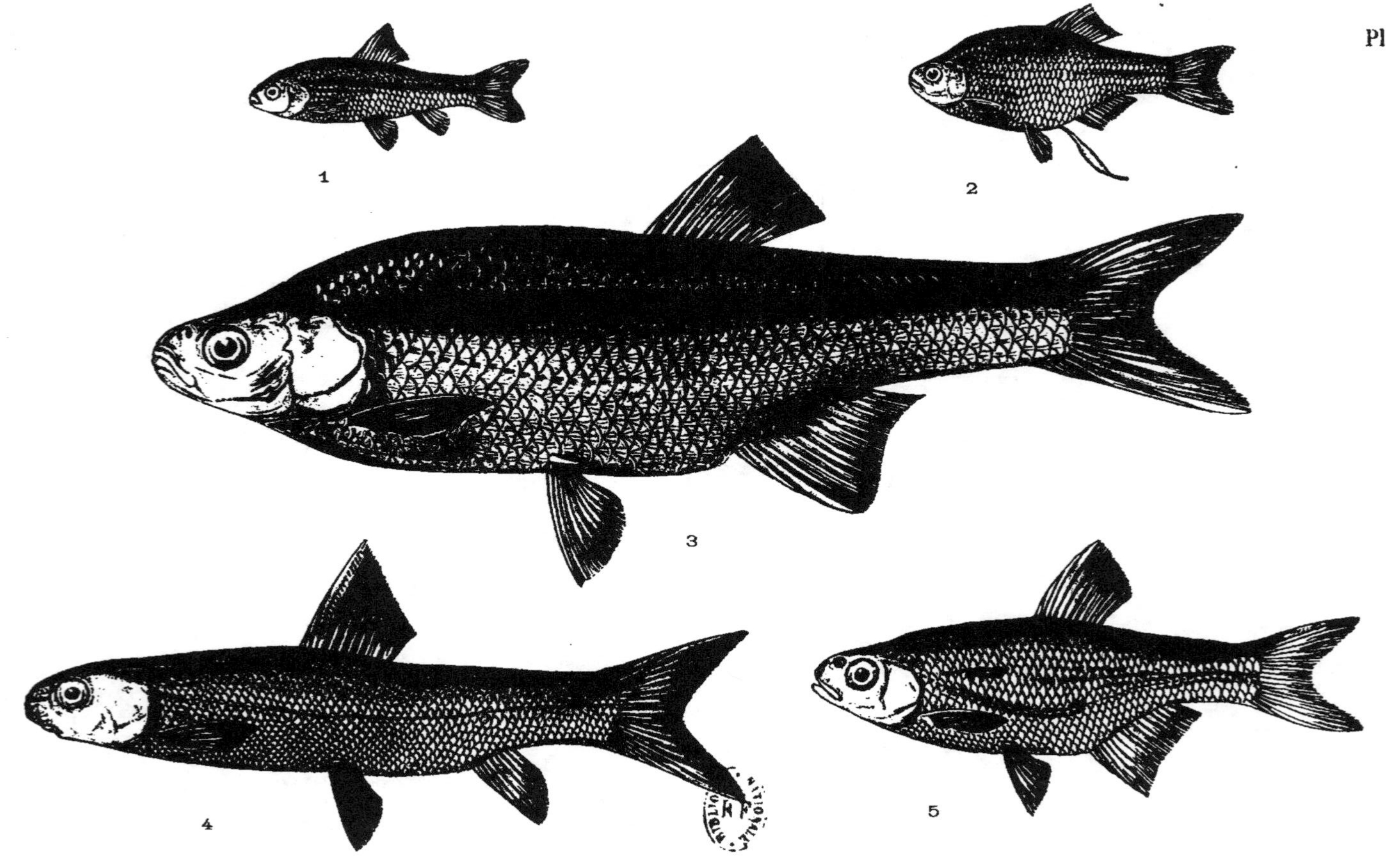

F. ANGEL del.
J. PELLEGRIN dir.

Fig. 1. — *Hemigrammocapoeta culiciphaga* Pellegrin.
Fig. 2. — *Rhodeus amarus* Bloch.
Fig. 3. — *Alburnus Escherichi* Steindachner.

Fig. 4. — *Varicorhinus Sieboldi* Steindachner, microstome.
Fig. 5. — *Alburnoides bipunctatus* Bloch var. *smyrnæa* Pellegrin.

(Grandeur naturelle).

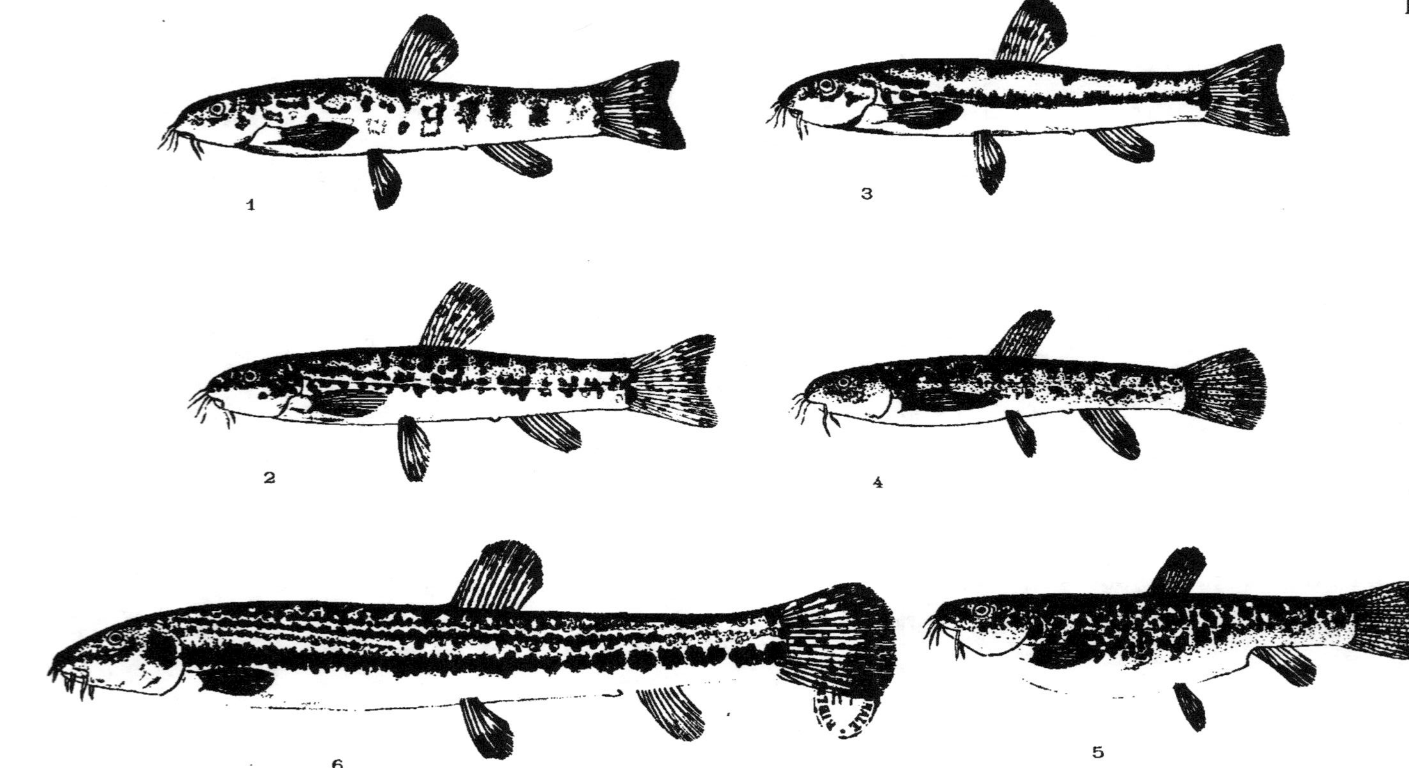

F. ANGEL del.
J. PELLEGRIN dir.

Fig. 1. — *Nemachilus Angoræ* Steindachner,
1er type de coloration.

Fig. 2. — *Nemachilus Angoræ* Steindachner,
2e type de coloration.

Fig. 3. — *Nemachilus Angoræ* Steindachner,
3e type de coloration.

Fig. 4. — *Nemachilus Lendli* Bela Hanko, mâle.

Fig. 5. — *Nemachilus Lendli* Bela Hanko, femelle.

Fig. 6. — *Cobitis tænia* Linné.

(Grandeur naturelle).

9 782329 790510